高等职业教育测绘地理信息类“十三五”规划教材

工程测量技术实训

主　编　张　博
副主编　关春先　石玉东　魏　强
主　审　闫玉民

图书在版编目(CIP)数据

工程测量技术实训/张博主编．—武汉：武汉大学出版社，2019.8
高等职业教育测绘地理信息类“十三五”规划教材
ISBN 978-7-307-21003-5

Ⅰ.工…　Ⅱ.张…　Ⅲ.工程测量—高等职业教育—教材　Ⅳ.TB22

中国版本图书馆 CIP 数据核字(2019)第 132295 号

责任编辑：杨晓露　　责任校对：李孟潇　　版式设计：马　佳

出版发行：**武汉大学出版社**　(430072　武昌　珞珈山)
(电子邮箱：cbs22@whu.edu.cn 网址：www.wdp.com.cn)
印刷：湖北民政印刷厂
开本：787×1092　1/16　印张：9.25　字数：222 千字　插页：1
版次：2019 年 8 月第 1 版　　2019 年 8 月第 1 次印刷
ISBN 978-7-307-21003-5　　定价：24.00 元

前　　言

《工程测量技术实训》是《工程测量技术》(张博主编，武汉大学出版社出版)的配套教材。

“工程测量技术”是水利工程类、土建施工类、市政工程类、工程管理类等专业的一门实践性较强的专业学习领域课程，包括理论教学、单项实训、技能训练、综合实训和专业技能实训5个重要的教学环节。通过“工程测量技术”理论课程的学习，使学生掌握有关工程测量的基础知识；通过《工程测量技术实训》教材中的单项实训、技能训练、综合实训和专业技能实训，培养其理论联系实际的能力、测量数据处理的能力、运用所学理论与技能解决具体测量工作的综合能力以及工程测量职业能力，培养其专业素质，提升其从业综合素养，为从事工程测量工作奠定基础。

本教材体现了“校企合作、工学结合”特色：中国水利水电第六工程局有限公司魏强高级工程师参与了本书的编写工作，并通读了全书，提出了许多宝贵的意见和建议，使本教材更加符合生产实际的需要。本教材在仪器和方法上与生产实际保持同步，使教材具有先进性。

本教材的编写，紧密结合高职培养目标，以培养学生操作仪器进行单项实训的基础能力、测量数据处理的基础技能、大比例尺地形图测绘的综合能力和工程测量专业技能为主，力争做到课程标准与职业标准的对接。本教材按项目教学的要求编写，每个项目均选取了若干个典型的工作任务，教学过程中可采用项目教学法、现场教学法、案例教学法等多种教学方法，做到教学过程与生产过程的对接。总之，本教材适应了现阶段高等职业教育的需要，能满足各高职院校的教学要求。

本教材由张博(辽宁生态工程职业学院)任主编，关春先(辽宁生态工程职业学院)、石玉东(辽宁生态工程职业学院)、魏强(中国水利水电第六工程局有限公司)任副主编。教材编写工作由张博主持，集体讨论，分工负责。项目1“单项实训”由张博编写；项目2“技能训练”由石玉东编写；项目3“综合实训”由关春先编写；项目4“专业技能实训”由魏强编写。各项目分别编写完成后，由张博对项目、任务予以补充、修改，并负责统稿定稿。最后由闫玉民(辽宁生态工程职业学院)教授统审全书。

本教材可作为高等职业院校水利工程类专业、土建施工类专业、市政工程类专业、工程管理类专业的通用教材。建议项目1“单项实训”、项目2“技能训练”与理论教学同时完成；项目3“综合实训”、项目4“专业技能实训”以3周综合实训完成。

本书在编写过程中，参阅了大量文献(包括纸质版文献和电子版文献)，引用了同类书刊中的一些资料。在此，谨向有关作者表示感谢！同时对武汉大学出版社为本书的出版所做的辛勤工作表示感谢！

限于作者水平，书中不妥和遗漏之处在所难免，恳请读者批评指正。

目　录

项目1 单项实训

项目描述

理论教学、单项实训、技能训练、综合实训、专业技能实训是“工程测量技术”课程5个重要的教学环节。通过理论教学，培养学生掌握必备的工程测量基础知识、基本理论和基本方法；通过单项实训，使学生能操作各种测量仪器并进行仪器的安置、实训项目的观测，完成各项实训的记录、计算以及实训成果的整理等，巩固理论教学内容，完成每个实训项目理论与实践的对接，升华理论知识，培养学生的基本操作技能，提高学生的实际动手能力。

一、单项实训目标

(1)巩固课堂上所学的基本理论知识，加深理解，夯实记忆。

(2)熟悉各种测量仪器的构造、性能和操作方法。

(3)掌握利用各种不同的测量仪器进行各种不同测量工作的观测、记录和计算方法，正确进行测量数据的整理。

(4)加强基本操作技能培养，提高实际动手能力，完成理论与实践的对接。

(5)培养学生从事工程测量工作所需要的扎实的专业素质、严谨的科学素养、吃苦耐劳的坚韧品格、和谐向上的团队精神。

二、单项实训要求

(1)项目实训前，复习教材中的有关内容，预习实训项目指导，明确目的与要求，掌握熟悉实训步骤，注意有关事项，并准备好所需文具用品，确保实训项目的顺利进行。

(2)实训分小组进行，组长负责组织协调工作。实训前，组长带领组员，按仪器借用规则借领与归还仪器、工具。

(3)实训在规定的时间进行，不得无故缺席或迟到早退；实训在指定的实训场地进行，不得擅自改变地点或离开现场。

(4)认真听取教师的讲解，仔细观察教师的演示，服从教师的现场指导。

(5)按照实训项目的操作步骤和相应的测量规范进行各项测量工作的观测、记录与计算，做到操作规范、记录规整、计算准确；同时，培养学生独立工作的能力和严谨的科学素养，发扬互帮互助的协作精神，营造和谐的团队氛围，保质保量完成实训项目。

(6)实训过程中，遵守纪律，保护实训现场的环境，爱护周围的各种公共设施。

(7)每项实训项目都应取得合格的实训成果，成果经指导教师审阅签字后，方可归还测量仪器和工具，结束实训。

三、仪器借用规则

(1)实训所需仪器应按实训指导书或指导教师的要求借领，以小组为单位到仪器室领取实验仪器和工具，听从实验管理人员的指挥，遵守实验室规定。

(2)各组组长借领仪器时，应仔细核对仪器借用明细表，清点仪器及附件数目，检视所借用的仪器，一切正常方可将仪器借出。

(3)借出的仪器、工具，未经指导教师同意，不得与其他小组调换或转借。

(4)实训结束后，应立即归还仪器，实验室管理人员验收核实后方可离开。

(5)仪器、工具如有遗失或损坏，应写书面报告说明情况，进行登记，并按有关规定赔偿。

四、仪器、工具的操作规范

(一)测量仪器使用注意事项

(1)领取仪器时，必须锁好仪器箱，检查提手或背带是否牢固；搬运时，必须轻拿轻放，避免由于剧烈震动而损坏仪器。

(2)开箱前，应将仪器放在平稳处；开箱后，观察清楚仪器及附件在箱内的位置，便于用后仪器及各部件的准确还箱；安置好仪器后，注意随手关闭仪器箱盖，防止灰尘和湿气进入箱内，并注意严禁踩坐仪器箱。

(3)仪器架设时，保持一手握住仪器，一手握住架腿连接螺旋，随即旋紧连接螺旋，使仪器与三脚架连接牢固；旋松所有制动螺旋，将脚螺旋调节至中间工作状态，并使三个脚螺旋大致同高。

(4)仪器安置后，无论是否操作，必须有专人看护，防止无关人员摆弄或行人碰动、车辆碾压损坏；爱护仪器，严禁在仪器周围嬉戏打闹，避免仪器受到强烈的碰撞和挤压。

(5)仪器出现故障，如发现仪器转动失灵或听到有异样的声音，应立即停止工作，请示指导教师或管理人员进行处理，严禁私自拆卸。

(6)转动仪器时，应先松开制动螺旋，再平稳转动；使用微动螺旋时，应先旋紧制动螺旋；制动螺旋应松紧适度，微动螺旋或脚螺旋不要旋到极端。

(7)远距离搬动仪器时，必须将仪器取下，装回仪器箱中进行搬动；近距离搬动仪器时可以松开制动螺旋，望远镜应直立向上，三脚架与仪器的连接螺旋应旋紧，并拢三脚架，连同三脚架一并夹于腋下，一手托住仪器，一手抱住三脚架，并使仪器在三脚架上成倾斜状态进行搬迁，切不可将仪器扛在肩上进行搬动。

(8)勿使仪器淋雨或暴晒，以避免降低仪器的精度；无论任何情况，仪器应有人看守，防止风吹、伞动等原因碰动或损坏仪器。

(9)实训结束后，应清点仪器、用具，避免丢失，尤其注意清点零星物件。

(10)仪器装箱前，应旋松所有制动螺旋，将脚螺旋调节至中间工作状态，并使三个脚螺旋大致同高。装箱时，仪器、附件应保持原来的放置位置；旋紧所有制动螺旋，以免晃动；如果仪器箱盖不能盖严，应检查放置是否正确，不可强行关箱。

(二)测量工具使用注意事项

(1)水准尺、标杆、测钎等禁止横向受力，以防弯曲变形。作业时，水准尺、标杆应由专人扶直，不准贴靠树上、墙上或电线杆上，不能磨损尺面分划和漆皮。塔尺的使用，还应注意接口处的正确连接，用后及时收尺。

(2)测图板的使用，应注意保护板面，不得乱写乱扎，不能施以重压。

(3)皮尺要严防潮湿，万一潮湿，应晾干后再收入尺盒内。

(4)钢尺的使用，应防止扭曲、打结和折断，防止行人踩踏或车辆碾压，尽量避免尺身着水。用完钢尺，应擦净、涂油，以防生锈。

(5)小件工具如垂球、测钎、尺垫的使用，应用完即收，防止遗失。

(6)全站仪使用的反光棱镜，表面若有灰尘或其他污物，应先用软毛刷轻轻拂去，再用镜头纸擦拭，严禁使用手帕、粗布或其他纸张，以免损坏镜面。

五、测量记录计算规则

(一)测量记录

(1)所有观测成果均要使用硬性(2H 或 3H)铅笔记录。

(2)记录员必须熟悉记录手簿上各项内容以及记录、计算方法；记录观测数据之前，应将仪器型号、日期、天气、测站、观测者及记录者姓名等无一遗漏地填写齐全。

(3)观测员读数后，记录员应随即在记录手簿上的相应栏内填写并复述，以防听错、记错，不得另纸记录事后转抄。

(4)记录时，要求字体端正清晰，字体的大小一般占格宽的一半左右，留出空隙作改正错误用。

(5)观测数据应体现其精度及真实性，如水准尺读数 1.300m，不能记成 1.3m。

(6)水平角观测，秒值读记错误应重新观测，度、分读记错误可在现场更正，但同一方向盘左、盘右不得同时更改相关数字；天顶距观测，分的读数在各测回中不得连环更改。

(7)距离测量和水准测量中，厘米及以下数值不得更改，米和分米的读记错误，在同一距离、同一高差的往、返测或两次测量的相关数字不得连环更改。

(8)更正错误，均应将错误数字、文字整齐画去，在上方另记正确数字和文字；画改的数字和超限画去的成果，均应注明原因和重测结果的所在页数。

(9)严禁伪造观测数据，否则全部测量成果作废，并重新观测。

(二)测量计算

(1)每站观测结束后，必须在现场完成规定的计算和校核，确认无误后方可进行下一站的观测。

(2)测量计算时，数字进位按照“四舍六入、奇进偶舍”的原则，如数据 1. 3244m、1. 3236m、1. 3235m、1. 3245m，若取至毫米位，按“四舍六入”的原则，1. 3244m 和 1. 3236m 均应记做 1. 324m；按“奇进偶舍”的原则，1. 3235m 和 1. 3245m 均应记做 1. 324m。

(3)测量计算时，数字的取位规定：水准测量的观测数据取位至 1mm，前后视距取位至 0. 1m，视距总和取位至 0. 01km，高差中数一般取位至 0. 1mm，高差总和取位至 1mm；角度测量的秒取位至 1″。

(4)观测手簿中，对于有正负意义的量，记录计算时，一定要带上“+”“-”号，即使是“+”，也不能省略。

(5)简单计算，如平均值、方向值、高差等，应边记录边计算，以便超限时发现问题立即重测；较为复杂的计算，可在实训结束后及时算出。

(6)所有的观测与记录数据严禁转抄。

任务 1.1　DS3 水准仪的认识及使用

一、技能目标

(1)了解 DS3 水准仪的基本构造、仪器各部件的名称和作用；

(2)练习并初步掌握水准仪的基本操作步骤，包括安置仪器、粗略整平、照准目标、消除视差、精确整平和正确读数；

(3)了解各种水准尺的注记形式、熟悉水准尺的分划，掌握水准尺及尺垫的正确使用方法。

二、实训器具

每个小组领取下列实训器具：DS3 水准仪 1 台，水准仪专用脚架 1 个，水准尺 1 对，自备记录板、铅笔、计算器等。

三、实训要求

(1)熟悉水准仪各部件的名称和作用；

(2)每位学生至少操作仪器一次，掌握安置仪器、粗略整平、照准目标、消除视差、精确整平和正确读数的方法；

(3)掌握记录、计算方法。

四、实训步骤

(一)安置仪器

(1)首先选一处平坦地面将水准仪专用脚架的三个固紧螺旋松开，并拢三条架腿，升高脚架使架头与鼻梁平齐后拧紧固紧螺旋，然后把三条架腿张开立于地面，此时应注意使三条架腿与地面的接触点大致成一等边三角形，且接触点之间的距离以 70~90cm 为宜，以保证脚架能较稳定地立于地面。完成该步骤后，架头应处于大致水平的状态。

(2)把仪器箱放于地面一干净稳妥处打开，观察并记下仪器在箱内的安放位置后，双手分握住仪器的基座和望远镜取出仪器，并安放于架头正中央，迅速把中心连接螺旋插入仪器基座底部中央圆形旋入口内，顺时针方向拧紧，此时应注意力度合适，不能太紧也不能太松。

(二)认识仪器、水准尺、尺垫

将实物DS3水准仪与图1.1.1对照，认识本组所用仪器各部件名称，了解其作用；并操作仪器，掌握其使用方法。

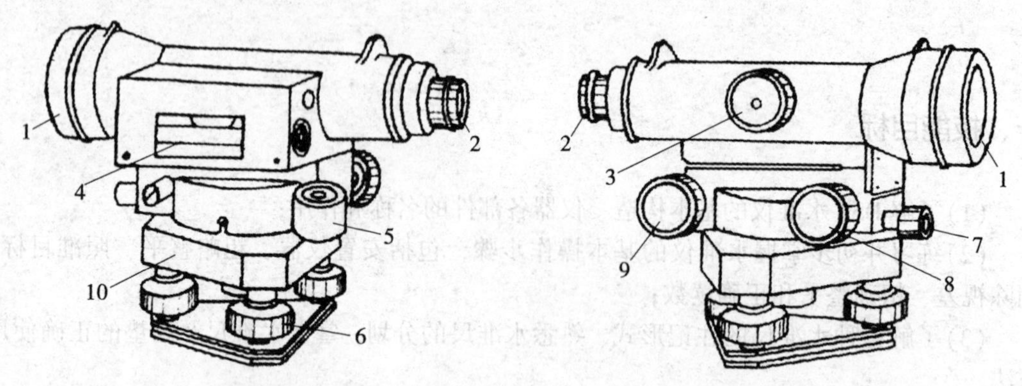

1—物镜；2—目镜；3—调焦螺旋；4—管水准器；5—圆水准器；
6—脚螺旋；7—制动螺旋；8—微动螺旋；9—螺旋；10—基座

图1.1.1　DS3水准仪各部件名称

认识水准尺，观察一对水准尺，如图1.1.2所示，了解其分划和注记，掌握其读数方法、使用方法；认识尺垫，如图1.1.3所示，掌握其使用方法。

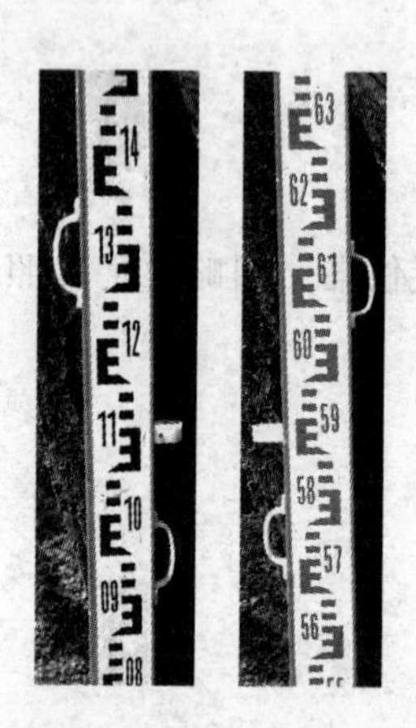

图1.1.2　水准尺

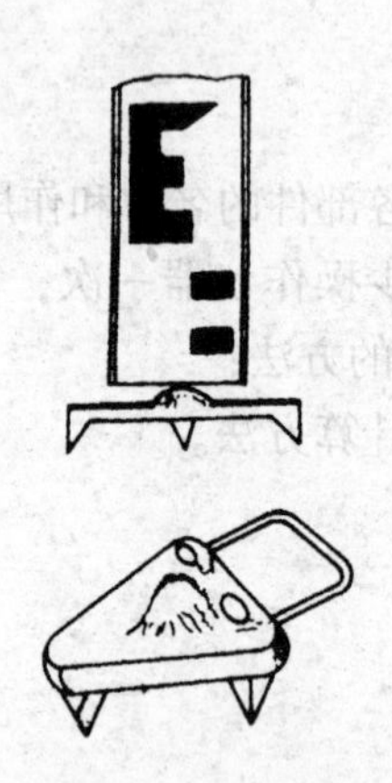

图1.1.3　尺垫

(三)粗略整平仪器

首先观察圆水准器气泡所在位置，然后确定调节方案。如图1.1.4(a)所示，位于a处的气泡靠近脚螺旋①，说明该部位较高，可用左手握住脚螺旋①逆时针旋转，同时右手握住脚螺旋②顺时针旋转，这时气泡沿①、②脚螺旋的连线方向平行移动，如气泡进入圆水准器中央圆圈内即完成粗平；若气泡未进入圆圈内，而是位于如图1.1.4(b)所示的b位置，用左手握住脚螺旋③顺时针旋转，使气泡进入圆圈中央。若一次不能完成，可反复进行。

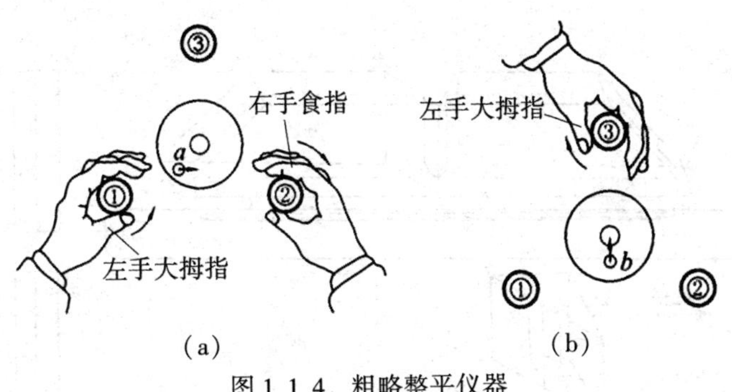

图 1.1.4　粗略整平仪器

(四)照准练习

首先转动望远镜使物镜对准一明亮的背景，观察十字丝是否清晰，如不清晰可顺时针或逆时针调节目镜使其清晰；松开制动螺旋，转动仪器，通过粗瞄器瞄准水准尺，旋紧制动螺旋；眼睛观察目镜，调节物镜对光螺旋使水准尺成像清晰；调节水平微动螺旋使水准尺尺像位于十字丝竖丝附近。

(五)消除视差

眼睛上下轻微移动，观察十字丝是否在水准尺上做上下移动，如有此现象表明有视差，造成视差的原因见图 1.1.5(a)，需消除视差。方法：先调节目镜使十字丝更清晰，此时水准尺尺像变模糊，重新调节物镜对光螺旋使水准尺清晰。反复进行，直至消除视差，如图 1.1.5(b)所示。

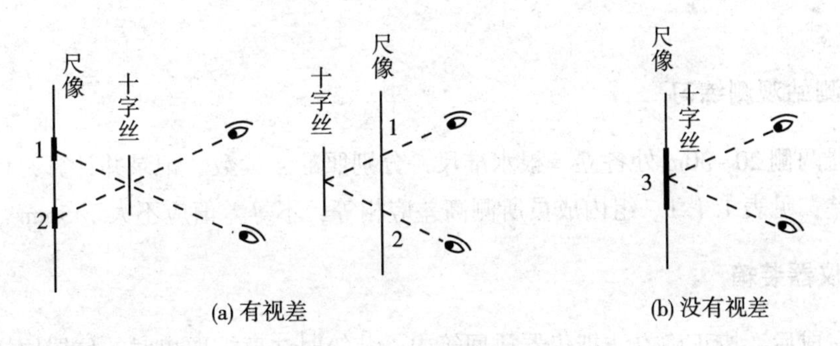

图 1.1.5　造成视差的原因

(六)精确整平仪器

首先通过符合水准器观察窗口观察气泡在哪个位置，转动螺旋，同时查看两豆瓣状气泡是否符合成抛物线形，如图 1.1.6 所示。

(七)正确读数

如图 1.1.7 所示，精平后观察中丝在水准尺上的位置，依次读出米、分米、厘米，最

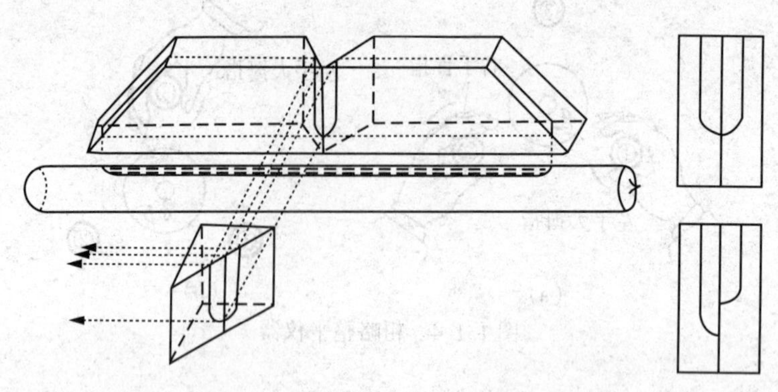

图 1.1.6 符合水准器调节方法

后估读出毫米，共四位数。读数及记录时可以米或毫米为单位。

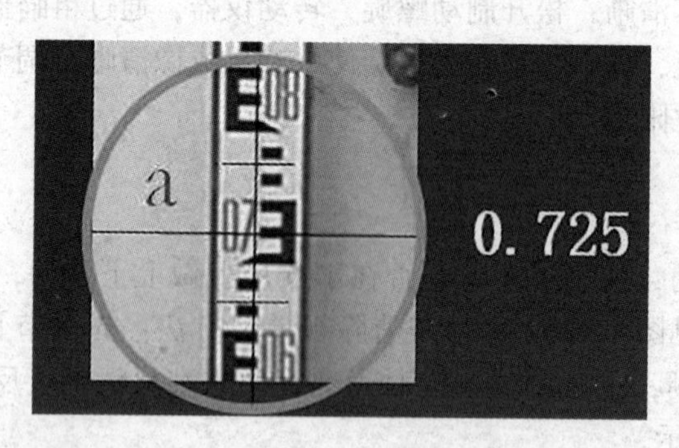

图 1.1.7 水准仪照准水准尺

（八）测站观测练习

在仪器两侧 20~30m 处各立一根水准尺，分别照准、读数、记录并计算，计算出两立尺点间高差，见表 1.1.1。组内成员所测高差应相等，不等差值应不大于 5mm。

（九）仪器装箱

实训完成后，按正确方法把仪器放回箱内。装箱时注意按取出时的位置原样放回，如仪器放进箱内后，仪器箱盖不能密合，切忌用力压迫箱盖，应注意检查是否仪器放置的位置不当或有其他杂物顶住箱盖，以免损坏仪器。

五、注意事项

（1）测站点应远离交通要道、运动场地、施工场地和人员密集地区。

（2）在安置仪器时需注意三脚架安置是否稳妥，连接螺旋是否连接紧密。

（3）取出仪器之前应注意仪器在箱内的摆放位置，以免装箱时不能复位。

(4)严禁无人看管仪器，不可将仪器、水准尺靠在树上或墙上。

(5)旋转仪器前应先松开制动螺旋，切忌直接用力旋转仪器，以免损坏制动装置；制动螺旋不能拧得太紧，微动螺旋和脚螺旋应尽量使用中间部位，以免失灵。

(6)操作仪器时，站姿应正确，避免骑架观测；动作应准确；用力要均匀。

(7)需搬站时，距离较远或道路难行时要先装箱再搬站；距离较近或道路平坦地区可直接松开水平制动螺旋，检查仪器连接紧密后，并拢三个脚架，一手握住仪器基座，一手将脚架抱于腋下，在保持仪器处于倾斜向上的状态下稳步前进。

(8)天气较炎热或下雨时应撑伞作业，避免仪器日晒雨淋。

(9)仪器装箱前要先把脚螺旋调至大致同高的中间位置，将水平微动螺旋、脚螺旋旋至中间位置，清除仪器上的灰尘，然后一手握住仪器、一手松开连接螺旋，双手取下仪器按正确位置放入箱内，拧紧制动螺旋后合上箱盖并锁紧；清除脚架上的泥土并并拢锁紧。

六、训练表格

完成表 1.1.1 中剩余部分的计算。

表 1.1.1　　**普通水准测量记录手簿(高差法)**

____年____月____日　天气______　成像______　测自____至____

观测者______　记录者______　检查者______　仪器型号______

测站	点名	水准尺黑面中丝读数		高差(m)		高程(m)	备注
		后视(mm)	前视(mm)	+	−		
Ⅰ	BM_1	1.325				80.000	已知点
	TP_1		1.608		0.283		
Ⅱ	TP_1	1.856					
	TP_2		1.728	0.128			
Ⅲ	TP_2	1.027					
	TP_3		1.544				
Ⅳ	TP_3	0.955					
	BM_2		1.289				

七、记录表格

将实训观测数据填入表 1.1.2 中。

表 1.1.2　　　　普通水准测量记录手簿(高差法)

____年____月____日　天气________　成像________　测自______至______

观测者____________　记录者____________　检查者____________　仪器型号____________

测站	点名	水准尺黑面中丝读数		高差(m)		高程(m)	备注
		后视(mm)	前视(mm)	+	-		

八、简答

(1)简述本任务的主要实训步骤。

(2)简述水准测量的原理。

(3)水准仪由哪些主要部分构成？各起什么作用？

(4)简述应该如何粗略整平仪器？如何精确整平仪器？

(5)什么是视差？视差是怎么产生的？如何消除视差？

任务1.2 普通水准测量

一、技能目标

(1)掌握水准路线的布设形式；
(2)熟悉仪器的操作方法、要领；
(3)掌握普通水准测量的观测、记录、计算、高差闭合差的计算；
(4)掌握运用视线高法和高差法计算高程的方法；
(5)理解转点的含义和作用，掌握用尺垫做转点的方法；
(6)熟悉测量记录的规则，并养成复述数据的习惯。

二、实训器具

每个小组领取下列实训器具：DS3 水准仪 1 台，水准仪专用脚架 1 个，水准尺 1 对，自备记录板、铅笔、计算器等。

三、实训要求

(1)每组选择一条至少有四个水准点组成的闭合或附合水准路线；
(2)每位学生至少完成一个测站的观测、记录、计算；
(3)每个测站用变换仪器高法观测两次。

四、实训步骤

(1)在实训场地上布设闭合或附合水准路线。

(2)选择场地内一已知高程的水准点 A 作为起始点(后视点)，竖立水准尺，距该点约 30m 处安置水准仪，在路线前进方向距仪器约 30m 处放置一尺垫作为转点 1，记为 TP_1，在尺垫上竖立前视水准尺，如图 1.2.1 所示。

(3)观测员照准后视尺，精平水准仪后读取后视读数 a，记录员复述数据，确认无误后记入记录手簿。如按视线高法计算高程，记录员应立即用已知点高程计算出视线高 H_i，$H_i=H_A+a$。

(4)观测员旋转仪器照准前视尺，精平后读取前视读数 b，记录员复述数据，确认无误后记入记录手簿，计算高差 h，$h=a-b$。如采用视线高法应立即用视线高 H_i 和前视读数 b 计算出前视点高程。采用变换仪器高法即原地将仪器高升高或降低，按上述方法再进行

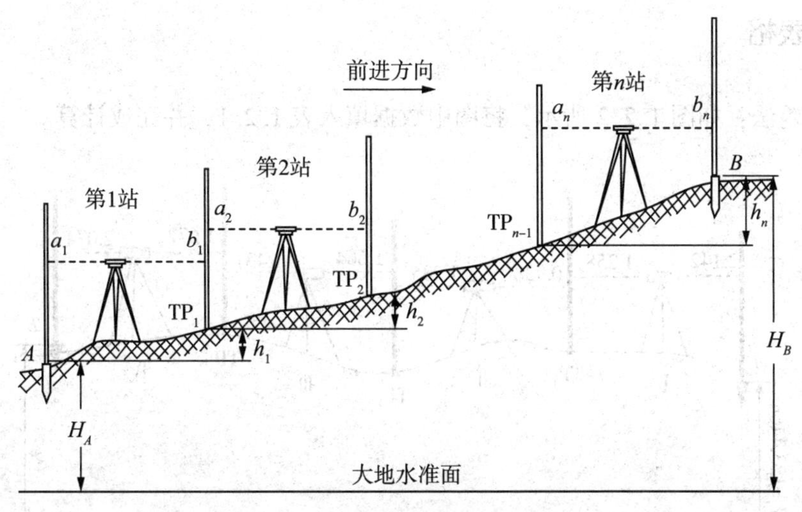

图 1.2.1　水准测量测站的设置

一次观测，计算出高差或前视点高程，两次较差不超过允许范围，完成一个测站观测。

(5)在 TP_1 的前进方向 60~100m 处放另一尺垫作为转点 2，记为 TP_2，把后视尺移至 TP_2 上，TP_1 上的水准尺不动。在 TP_1 与 TP_2 之间大致等距处安置仪器，重复上述(3)、(4)步，完成第二个测站观测。

(6)重复以上步骤，直至终点 B。对于闭合导线，终点即为水准路线的起点，对于附合水准路线，终点为另一个水准点。

(7)计算检核：高差之和 $\sum h$ = 后视读数总和 $\sum a$ - 前视读数总和 $\sum b$。

五、注意事项

(1)读数时水准尺应竖直，每次读数前仪器应精确整平；读数时应快速、准确、口齿清晰，避免误读误记。

(2)记录时养成良好的习惯，做到字体端庄清晰、数位对齐、数字齐全(前后视读数均为 4 位数，不足的用 0 占位)、大小合适，高度以不超过每行的 1/2 为宜，字脚靠底线书写。

(3)转点必须放尺垫，已知点和待定点不能放置尺垫。

(4)普通水准测量对前后视的距离要求稍低，但是原则上最大视距应不超过 150m，前后视距应基本相等。

(5)高差闭合差 f_h 应控制在限差范围内，即 $f_h \leq \pm 40\sqrt{L}$ mm(平地)或 $f_h \leq \pm 12\sqrt{n}$ mm(山地)。

(6)组内成员轮换工作。

六、训练表格

(1)高差法：如图 1.2.2 所示，将图中数据填入表 1.2.1，并完成计算。

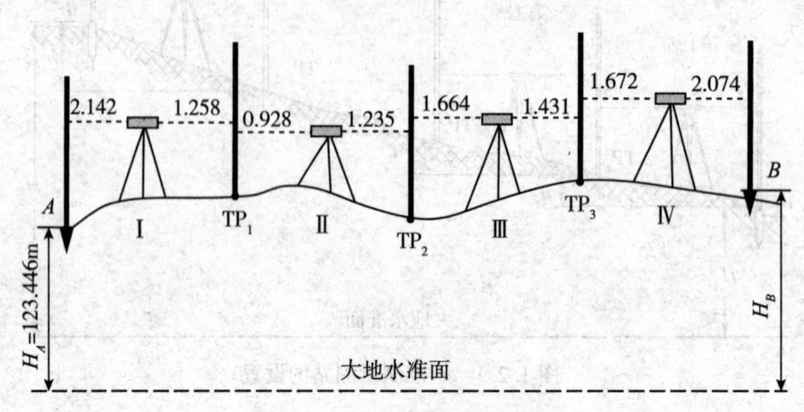

图 1.2.2　高差法普通水准测量

表 1.2.1　**普通水准测量记录手簿(高差法)**

______年______月______日　天气__________　成像________　测自______至______

观测者____________　记录者___________　检查者____________　仪器型号____________

测站	点名	水准尺黑面中丝读数		高差(m)		高程(m)	备注
		后视(m)	前视(m)	+	-		
计算校核		$\sum a =$	$\sum b =$				
		$\sum a - \sum b =$		$\sum h =$			

(2)视线高法：完成表 1.2.2 剩余部分的计算。

表 1.2.2　　**普通水准测量记录手簿(视线高法)**

______年______月______日　天气__________　成像________　测自______至______

观测者____________　记录者____________　检查者____________　仪器型号____________

测站	点名	后视读数(m)	视线高程(m)	前视读数(m)	高程(m)
1	*A*	1.523	101.523		100.000
	B			0.523	101.000
2	*B*	1.205	102.205		
	C			1.792	100.413
3	*C*	0.919			
	D			1.332	
4	*D*	1.834			
	E			1.455	

七、记录表格

(1)高差法：将实训观测数据填入表 1.2.3 中。

表 1.2.3　　**普通水准测量记录手簿(高差法)**

______年______月______日　天气__________　成像________　测自______至______

观测者____________　记录者____________　检查者____________　仪器型号____________

测站	点名	水准尺黑面中丝读数		高差(m)		高程(m)	备注
		后视(m)	前视(m)	+	-		

续表

测站	点名	水准尺黑面中丝读数		高差(m)		高程(m)	备注
		后视(m)	前视(m)	+	-		
计算校核		$\sum a =$	$\sum b =$				
		$\sum a - \sum b =$		$\sum h =$			

(2)视线高法：将实训观测数据填入表1.2.4中。

表1.2.4　　**普通水准测量记录手簿(视线高法)**

______年______月______日　天气__________　成像________　测自______至______

观测者____________　记录者____________　检查者____________　仪器型号____________

测站	点名	后视读数(m)	视线高程(m)	前视读数(m)	高程(m)

续表

测站	点名	后视读数(m)	视线高程(m)	前视读数(m)	高程(m)

八、简答

(1)简述普通水准测量(高差法)的主要实训步骤。

(2)什么叫水准点？什么叫转点？尺垫应在什么情况下使用？

(3)什么叫水准路线？水准路线有几种布设形式？

任务 1.3　四等水准测量一个测站工作

一、技能目标

(1)掌握四等水准测量的观测程序、观测方法、记录顺序、记录格式、计算方法。

(2)掌握四等水准测量的测站校核方法。

二、实训器具

每个小组领取下列实训器具：DS3 水准仪 1 台，水准仪专用脚架 1 个，水准尺 1 对，自备记录板、铅笔、计算器等。

三、实训要求

(1)每位同学至少完成一个测站的观测、记录和计算。

(2)按后—后—前—前的观测顺序，使各项指标满足要求。

(3)观测时，所有项目应满足中国标准出版社出版的《国家三、四等水准测量规范》(GB/T 12898—2009)规定的主要技术要求，如表 1.3.1 所示。

表 1.3.1　**四等水准测量主要技术要求**

等级	视线高度	前后视距(m)	前后视距差(m)	前后视距累计差(m)	黑红面读数差(mm)	黑红面高差之差(mm)	高差闭合差(mm)
四等	三丝能读数	≤100	≤±3	≤±10	≤±3	≤±5	$\leq\pm20\sqrt{L}$

(4)测站计算不得使用计算器。

四、实训步骤

(1)实训场地内选择距离 60～100m 的两个点位，分别放置尺垫，作为后视点和前视点。

(2)采用步量的方法，量出两点间的距离，在两点中间位置安置仪器，两点上分别竖立水准尺。

(3)照准后视尺黑面，按上丝、下丝、中丝顺序进行读数(正像仪器)，分别记录，并且计算后视距。

(4)照准后视尺红面，读取红面中丝读数，记录。

(5)照准前视尺黑面，按上丝、下丝、中丝顺序进行读数(正像仪器)，分别记录，并且计算前视距。

(6)照准前视尺红面，读取红面中丝读数，记录。

(7)完成所有数据的计算。

应当指出的是：如果使用微倾式水准仪，在读取中丝读数前应当调节符合水准器使气泡影像重合。

五、注意事项

(1)四等水准测量的观测顺序为后(黑面：上丝、下丝、中丝)—后(红面：中丝)—前(黑面：上丝、下丝、中丝)—前(红面：中丝)，一定要按顺序观测。

(2)前后视距差要求不超过±3m，初学者往往不容易控制，应采用步量或用皮尺丈量，如果视距差超限，可采用移动前视尺或者挪动仪器的方法调整。移动前视尺，需移动视距差距离值，挪动仪器，只需挪动视距差的一半即可，方向按正负号确定。

(3)在观测中为提高效率，记录员要边记录边计算，以免重复观测，但不可预先算出数值报给观测者，以免影响其读数。如不可根据黑面读数算出红面读数而告知观测者。

(4)扶尺员立尺时要认真负责，读数时必须保持正确站姿，使水准尺保持竖直状态。

(5)记录应工整规范，严禁捏造或涂改数据。

六、训练表格

完成表1.3.2剩余部分的计算。

七、记录表格

将实训观测数据填入表1.3.3中。

表 1.3.2　　**四等水准测量手簿**

______年____月____日　天气________　成像__________　测自________至________

观测者________　记录者________　检查者________　仪器型号________

测站编号	测点	后尺 上丝	前尺 上丝	方向及尺号	标尺读数		K+黑-红	高差中数	备注
		下丝	下丝		黑面（中丝）	红面（中丝）			
		后距	前距						
		视距差 d	$\sum d$						
1	A—	1.271	1.357	后	1.228	5.914	+1	−0.086	
	TP_1	1.183	1.266	前	1.312	6.103	−2		
		8.8	9.1	后−前	−0.084	−0.187	+3		
		−0.3	−0.3						
2	TP_1—	1.267	1.592	后	1.185	5.975	−3	−0.320	
	TP_2	1.104	1.420	前	1.506	6.193	0		
		16.3	17.2	后−前	−0.321	−0.218	−3		
		−0.9	−1.2						
3	TP_2—	1.428	1.410	后	1.362	6.049	0	+0.014	
	TP_3	1.298	1.289	前	1.349	6.133	+3		
		13.0	12.1	后−前	+0.013	−0.084	−3		
		0.9	−0.3						
4	TP_3—	1.532	1.477	后	1.404	6.193	−2	+0.060	
	TP_4	1.275	1.212	前	1.344	6.032	−1		
		25.7	26.5	后−前	+0.060	+0.161	−1		
		−0.8	−1.1						
5	TP_4—	1.592	1.266	后	1.504	6.191			
	TP_5	1.418	1.104	前	1.185	5.974			
				后−前					
6	TP_5—	1.822	1.735	后	1.588	6.376			
	B	1.354	1.257	前	1.496	6.184			
				后−前					
				后					
				前					
				后−前					
				后					
				前					
				后−前					
				后					
				前					
				后−前					

表 1.3.3　　**四等水准测量手簿**

________年____月____日　天气________　成像____________　测自________至________

观测者____________　记录者____________　检查者____________　仪器型号____________

测站编号	测点	后尺	前尺	方向及尺号	标尺读数		K+黑−红	高差中数	备注
		上丝	上丝		黑面（中丝）	红面（中丝）			
		下丝	下丝						
		后距	前距						
		视距差 d	$\sum d$						
				后					
				前					
				后−前					
				后					
				前					
				后−前					
				后					
				前					
				后−前					
				后					
				前					
				后−前					
				后					
				前					
				后−前					
				后					
				前					
				后−前					
				后					
				前					
				后−前					
				后					
				前					
				后−前					

八、简答

(1)简述四等水准测量一个测站上的观测程序。

(2)四等水准测量测站上有哪些限差要求?

(3)如果前后视距差超限应如何处理?

(4)如果黑红面读数差超限应如何处理?

任务1.4　四等水准路线测量

一、技能目标

(1)掌握四等水准测量路线的三种布设形式、技术要求。
(2)熟悉四等水准测量测站上的观测、记录、计算方法。
(3)掌握四等水准测量路线高差闭合差与允许值的计算方法。
(4)掌握四等水准测量的内业计算。

二、实训器具

每个小组领取下列实训器具：DS3 水准仪 1 台，水准仪专用脚架 1 个，水准尺 1 对，自备记录板、铅笔、计算器等。

三、实训要求

(1)每组选择一条至少有四个水准点组成的闭合或附合水准路线；
(2)每位学生至少完成一个测站的观测、记录、计算；
(3)每个测站和整条路线的所有项目必须满足限差要求；
(4)每个测段内的站数必须为偶数；
(5)测站计算不得使用计算器。

四、实训步骤

(1)实训场地上布设一条闭合或附合水准路线。
(2)将已知高程的水准点作为起始点，并将该点作为后视点；在路线前进方向上选择满足视线长度要求的转点为前视转点，放置尺垫。
(3)采用步量的方法，量出两点间的距离，在两点中间位置安置仪器，两点上分别竖立水准尺。
(4)按四等水准测量一个测站上的工作顺序(后—后—前—前)和要求，完成一个测站的工作，测站上全部工作完成后(称站站清)才能搬站。
(5)同样方法完成其他所有测站工作。
应当指出的是：如果使用微倾式水准仪，在读取中丝读数前应当调节附合水准器使气泡影像重合。

五、注意事项

(1)观测前确认水准尺是否成对，并确定好前后视水准尺的尺常数。

(2)每个测站全部工作完成后(称站站清)才能搬站。

(3)水准测量中记录员是技术把关者，记录员在测站校核未完成前不能下令搬动仪器；观测员更不能擅自搬动仪器。

(4)水准点上不能放置尺垫，转点上放置尺垫，并注意保护；作为后视的转点，其尺垫只有在读完前视读数且测站校核确认正确无误后，才能随仪器一起移动。

(5)搬站时应按正确步骤进行，以免损坏仪器。

(6)扶尺员立尺时要认真负责，读数时必须使水准尺保持竖直状态。

(7)水准尺在移动时要交替前进，不能同时向前移动，移动水准尺时切忌带动尺垫。

(8)观测完毕，应立即计算高差闭合差，闭合差 f_h 应控制在限差范围内，即 $f_h \leqslant \pm 20\sqrt{L}$ mm。

(9)组内成员轮换工作。

六、记录表格

将实训观测结果记入表 1.4.1。

表 1.4.1　**四等水准路线测量记录手簿**

________年______月______日　天气__________　成像________　测自________至________

观测者__________　记录者__________　检查者__________　仪器型号__________

<table>
<tr><td rowspan="4">测站编号</td><td rowspan="4">测点</td><td rowspan="2">后尺</td><td>上丝</td><td rowspan="2">前尺</td><td>上丝</td><td rowspan="4">方向及尺号</td><td colspan="2" rowspan="2">标尺读数</td><td rowspan="4">K+黑-红</td><td rowspan="4">高差中数</td><td rowspan="4">备注</td></tr>
<tr><td>下丝</td><td>下丝</td></tr>
<tr><td colspan="2">后距</td><td colspan="2">前距</td><td rowspan="2">黑面
(中丝)</td><td rowspan="2">红面
(中丝)</td></tr>
<tr><td colspan="2">视距差 d</td><td colspan="2">∑d</td></tr>
<tr><td rowspan="4"></td><td rowspan="4"></td><td colspan="2"></td><td colspan="2"></td><td>后</td><td></td><td></td><td></td><td rowspan="4"></td><td rowspan="4"></td></tr>
<tr><td colspan="2"></td><td colspan="2"></td><td>前</td><td></td><td></td><td></td></tr>
<tr><td colspan="2"></td><td colspan="2"></td><td>后-前</td><td></td><td></td><td></td></tr>
<tr><td colspan="2"></td><td colspan="2"></td><td></td><td></td><td></td><td></td></tr>
<tr><td rowspan="4"></td><td rowspan="4"></td><td colspan="2"></td><td colspan="2"></td><td>后</td><td></td><td></td><td></td><td rowspan="4"></td><td rowspan="4"></td></tr>
<tr><td colspan="2"></td><td colspan="2"></td><td>前</td><td></td><td></td><td></td></tr>
<tr><td colspan="2"></td><td colspan="2"></td><td>后-前</td><td></td><td></td><td></td></tr>
<tr><td colspan="2"></td><td colspan="2"></td><td></td><td></td><td></td><td></td></tr>
<tr><td rowspan="4"></td><td rowspan="4"></td><td colspan="2"></td><td colspan="2"></td><td>后</td><td></td><td></td><td></td><td rowspan="4"></td><td rowspan="4"></td></tr>
<tr><td colspan="2"></td><td colspan="2"></td><td>前</td><td></td><td></td><td></td></tr>
<tr><td colspan="2"></td><td colspan="2"></td><td>后-前</td><td></td><td></td><td></td></tr>
<tr><td colspan="2"></td><td colspan="2"></td><td></td><td></td><td></td><td></td></tr>
</table>

续表

测站编号	测点	后尺 上丝	前尺 上丝	方向及尺号	标尺读数		K+黑-红	高差中数	备注
		下丝	下丝						
		后距	前距		黑面（中丝）	红面（中丝）			
		视距差 d	$\sum d$						
				后					
				前					
				后-前					
				后					
				前					
				后-前					
				后					
				前					
				后-前					
				后					
				前					
				后-前					
				后					
				前					
				后-前					
				后					
				前					
				后-前					

七、简答

(1)简述四等水准路线测量的主要实训步骤。

(2)何谓水准测量的高差闭合差？不同的水准路线高差闭合差应如何计算？

(3)四等水准路线的高差闭合差允许值如何计算？

(4)为什么每个测段内的站数必须为偶数？

任务1.5 DS3水准仪检验校正

一、技能目标

(1)熟悉DS3水准仪的基本构造原理，掌握各轴线之间应满足的几何关系。

(2)掌握水准仪的检验校正方法。

二、实训器具

每个小组领取下列实训器具：DS3水准仪1台，水准仪专用脚架1个，水准尺1对，木桩、校正针各一个，皮尺一盒，自备记录板、铅笔、计算器等。

三、实训要求

(1)按检验项目的要求选择合适的实训场地；

(2)检验、校正时按规定的顺序进行；

(3)如检验出不符合要求的项目，必须在指导教师的指导下进行校正，切忌盲目操作。

四、实训步骤

(一)圆水准器的检验校正

检验：安置水准仪，旋转脚螺旋使圆水准器气泡居中，然后将仪器上部在水平方向绕竖轴旋转180°，若气泡仍居中，则表示圆水准器轴已平行于竖轴，若气泡偏离中央则需进行校正。

校正：用脚螺旋使气泡向中央方向移动偏离量的一半，然后拨圆水准器的校正螺旋使气泡居中。由于一次拨动不易使圆水准器校正得很完善，所以需重复上述的检验和校正，使仪器上部旋转到任何位置气泡都能居中为止。

(二)望远镜十字丝横丝的检验校正

检验：先用横丝的一端照准一固定的目标或在水准尺上读一读数，然后用微动螺旋转动望远镜，用横丝的另一端观测同一目标或读数。如果目标仍在横丝上或水准尺上读数不变，说明横丝已与竖轴垂直。若目标偏离了横丝或水准尺读数有变化，则说明横丝与竖轴没有垂直，应予校正。

校正：打开十字丝分划板的护罩，可见到三个或四个分划板的固定螺丝，松开这些固定螺丝，用手转动十字丝分划板座，反复试验使横丝的两端都能与目标重合或使横丝两端所得水准尺读数相同，则校正完成。最后旋紧所有固定螺丝。

(三)水准管的检验校正

(1)在地面上相距 80m 选定 A、B 两点，各打 1 木桩(或稳固放尺垫)，在距 A、B 两点 40m 的中点位置安置仪器。

(2)在 A、B 两点立水准尺，水准仪以 A 点(或 B 点)为后视，读数为 a_1，以 B 点(或 A 点)为前视，读数为 b_1。

(3)计算 $a_1-b_1=h_1$，为了确保高差正确，保持仪器在中点位置不变，改变仪器高再读得 a_2、b_2得 h_2，若 h_1与 h_2之差不大于 3mm，则计算 $h_{正}=\frac{1}{2}(h_1+h_2)$为正确高差。

(4)将仪器搬至距 A 点(或 B 点)3m 处，分别读取 a_3、b'_3，计算 $b_3=a_3-h_{正}$，若 $\Delta=b'_3-b_3\leqslant 3\text{mm}$，或 $i=\frac{\Delta}{D_{AB}}\cdot\rho''\leqslant\pm 20''$，符合要求，否则需校正。式中 Δ 为远尺读数差；D_{AB} 为 A、B 间距离；ρ''为 $206265''$。

(5)转动微倾螺旋，使远尺读数 b'_3等于 b_3，此时视线水平，水准管气泡不居中。

(6)利用校正针拨动校正螺旋，使水准管气泡不居中(即符合气泡吻合)。

此项检校应反复进行，直至读取的远尺读数与计算的远尺读数之差 $\leqslant\pm 3\text{mm}$ 或者 $i\leqslant\pm 20''$。

五、注意事项

(1)检验校正是一项细致、要求严格的工作，必须按照操作方法和流程进行；检验校正时，前后各项互相影响，顺序不能颠倒。

(2)仪器各部分的关系正确与否将影响仪器的作用，有时较复杂，所以，检验校正往往不能一次完成，必须反复进行。

(3)校正针粗细适当，与校正口大小相等，校正时不能粗暴用力。

(4)拨动校正螺丝时，应先松后紧，松紧适当，校正完毕后，校正螺丝应处于稍紧状态。

六、记录表格

将实训观测数据填入表 1.5.1 中。

表 1.5.1　　　　　　　　　　　**水准管轴的检验记录**

仪器位置	项目	第一次	第二次
在中间点测高差	A 点尺上读数 a_1		
	B 点尺上读数 b_1		
	$h_{ab}=a_1-b_1$		
在 A 点附近检验	A 点尺上读数 a_3		
	B 点尺上读数 b'_3		
	$b_3=a_3-h_{ab}$		
	偏差 $\Delta=b'_3-b_3$		
	$i=\dfrac{\Delta}{D_{AB}}\cdot\rho''$		
检验示意图			

七、简答

(1)简述水准管的检验方法。

(2)水准仪有哪些轴线？各轴线之间应满足什么条件？

(3)水准测量时前后视距相等可消除哪些误差？

(4)水准仪在检验、校正以前应进行的检视内容有哪些？

任务1.6　DJ6光学经纬仪的认识与使用

一、技能目标

(1)了解DJ6光学经纬仪的基本构造、各部件的名称及作用，学会其使用方法；
(2)掌握DJ6光学经纬仪对中、整平、调焦和照准、读数及置数等基本操作；
(3)掌握测量两个方向间的水平角的方法。

二、实训器具

每个小组领取下列实训器具：DJ6光学经纬仪1台，经纬仪专用脚架1个，照准标志2个，自备记录板、铅笔、计算器等。

三、实训要求

(1)熟悉经纬仪各部件的名称和作用；
(2)每位学生至少操作仪器一次，掌握经纬仪的对中、整平、照准、读数和置数方法；
(3)掌握记录、计算方法。

四、实训步骤

(一)安置经纬仪

(1)首先选一处平坦地面将经纬仪专用脚架的三个固紧螺旋松开，并拢三条架腿，升高脚架使架头与下巴平齐后拧紧固紧螺旋，然后把三条架腿张开立于地面，此时应注意使三条架腿与地面的接触点大致成一等边三角形，且接触点之间的距离以70~90cm为宜，以保证脚架能较稳定地立于地面。完成该步骤后，架头应处于大致水平的状态。

(2)把仪器箱放于地面一干净稳妥处打开，观察并记下仪器在箱内的安放位置后，双手分握住仪器的基座和望远镜取出仪器，并安放于架头正中央，迅速把中心连接螺旋插入仪器基座底部中央圆形旋入口内，顺时针方向拧紧，此时应注意力度合适，不能太紧也不能太松。

(二)认识经纬仪

认识经纬仪各部分构造，掌握其作用及使用方法，熟悉读数窗内度盘和分微尺的刻划及注记。

(三)使用经纬仪的方法与步骤

1. 对中与整平

对中常用的方法有两种：垂球对中、光学对中器对中。

1)垂球对中与整平步骤

调节三脚架三条腿的长度使其大致等长，然后张开三脚架并架在测站点上，架设时应注意使高度适宜，架头大致水平。然后挂上垂球，两只手分别握住三脚架的一条腿，平移三脚架使垂球尖基本对准测站点，将三脚架的三条腿踩实，使其稳定。装上仪器，旋上连接螺旋，检查对中情况。若相差不大(1~2cm)，稍松开连接螺旋，双手扶基座，在架头上平移仪器，使垂球尖精确对准测站点(注意及时调整垂球线的长度，使垂球尖尽量靠近测站点，但不得与测站点接触)。对中误差一般小于 3mm，若满足要求，旋紧连接螺旋即可。

整平时，松开水平制动螺旋，转动照准部，使照准部水准管大致平行于任意两个脚螺旋 1、2 的连线，如图 1.6.1(a)所示，两手同时向内或向外旋转这两个脚螺旋使气泡居中(气泡移动的方向与左手大拇指移动的方向一致)。再将照准部旋转 90°，如图 1.6.1(b)所示，使水准管大约处于 1、2 脚螺旋连线的垂线上，转动第三个脚螺旋，使水准管气泡居中。再转回原来的位置，检查气泡是否居中，若不居中，则按上述步骤反复进行，直至照准部转到任何位置气泡都居中。

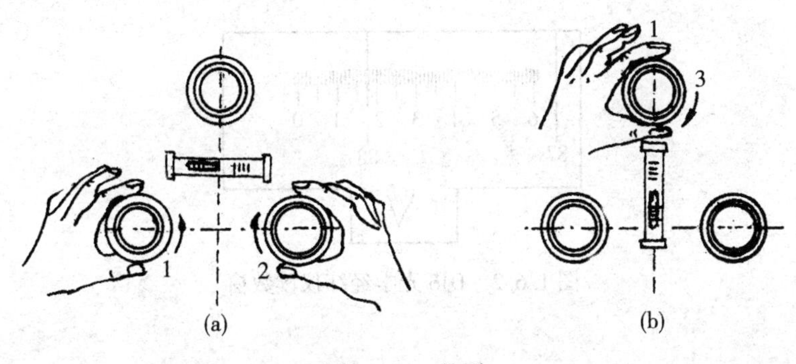

图 1.6.1　整平

2)光学对中器对中与整平步骤

(1)将三脚架安置在测站上，使架头大致水平且高度适中，大致使架头中心与地面点处于同一条铅垂线上；

(2)将仪器连接到三脚架上，如果光学对中器中心偏离地面点较远，两手端着两个架腿移动，使光学对中器中心与地面点重合；如果光学对中器中心偏离地面点较近，旋转脚螺旋使光学对中器中心与地面点重合；

(3)伸缩三脚架腿，使圆水准器气泡居中(粗平)，再采用图 1.6.1 所示的方法使水准管气泡居中(精平)；

(4)如果光学对中器中心偏离测站点，稍旋松连接螺旋，两手扶住仪器基座，在架头上平移仪器，使光学对中器中心与地面点重合；

(5)重新精平仪器，如果对中变化，再重新精确对中，反复进行，直至仪器精平后，光学对中器中心刚好与地面点重合为止。

2. 照准与读数

照准：取下望远镜的镜盖，将望远镜对准天空(或远处明亮背景)，转动望远镜的目镜调焦螺旋，使十字丝清晰；然后用望远镜上的照门和准星照准被测目标，旋紧望远镜和照准部的制动螺旋，转动对光螺旋(物镜调焦螺旋)，使目标影像清晰，消除视差；再转动望远镜和照准部的微动螺旋，使目标被十字丝的纵向单丝平分，或被纵向双丝夹在中央。

读数：照准目标后，调节反光镜的位置，使读数显微镜读数窗亮度适当，旋转显微镜的目镜调焦螺旋，使度盘及分微尺的分划线清晰，读取落在分微尺上的度盘分划线所示的读数，然后读出分微尺上0分划线到这条度盘分划线之间的分数，最后估读至1′的0.1位(如图1.6.2所示，水平度盘读数为115°16′12″，竖盘读数为88°17′48″)。

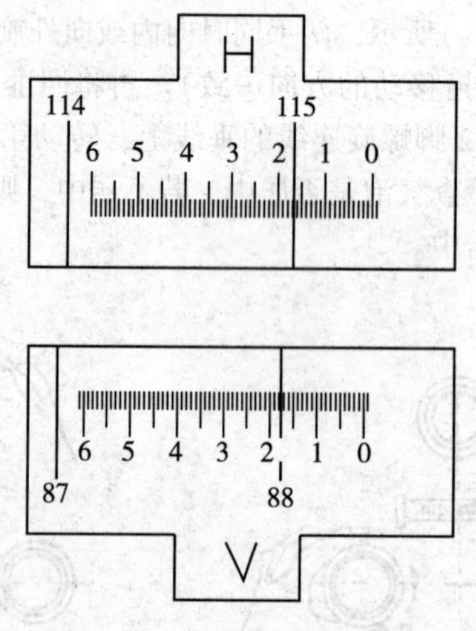

图1.6.2 DJ6光学经纬仪读数窗

(四)测量两个方向间的水平角

(1)安置好仪器，按顺时针方向选定好A、B两目标。调整望远镜为盘左位置，精确照准左边的目标A，读取水平度盘读数a，记入手簿。

(2)松开制动螺旋，顺时针转动照准部，精确照准右边的目标B，读取水平度盘读数b，记入手簿。

(3)计算水平角值$\beta=b-a$，如果$b<a$，$\beta=b+360°-a$。

五、注意事项

(1)仪器从箱中取出时，要看清并记住仪器在箱中的安放位置，避免以后装箱困难。

(2)提取仪器之前，应注意先松开制动螺旋，再用双手握住支架或基座轻轻取出仪器放在三脚架上，保持一手握住仪器，一手去拧连接螺旋，最后旋紧连接螺旋使仪器与脚架连接牢固，以防仪器跌落。

(3)连接好仪器后，注意应立即关闭仪器箱盖，防止灰尘和湿气进入箱内；仪器箱上严禁坐人。

(4)转动仪器时，应先松开制动螺旋；使用微动螺旋时，应先旋紧制动螺旋。动作要准确、轻捷，用力要均匀。

(5)各制动螺旋勿扭过紧，微动螺旋和脚螺旋不要旋到顶端；使用各种螺旋都应均匀用力，以免损坏螺旋。

(6)使用仪器时，对仪器性能尚未了解的部件，未经指导教师许可不得擅自操作；仪器必须有人看护，以防跌损。

(7)实训结束后仪器装箱时，要旋松各制动螺旋，装箱后先试关一次，在确认安放稳妥后，再旋紧各制动螺旋，以免仪器在箱内晃动、受损。最后关箱上锁。

六、训练表格

完成表 1.6.1 剩余部分的计算。

表 1.6.1　　　　　　　　　　　　**水平角观测手簿**

仪器型号________　观测者________　____年____月____日　天气________　记录者________

目标	竖盘位置	水平度盘读数 (°　′　″)	水平角值 (°　′　″)	备注
A	左	01 00 24	44 36 24	
B	左	45 36 48		
A	左	00 03 12		
C	左	88 30 36		
A	右	60 12 54	120 03 36	
D	右	180 16 30		
A	右	80 45 54		
E	右	150 34 24		

七、记录表格

将水平角实训观测数据填入表 1.6.2。

表 1.6.2　　　　　　　　　　　　**水平角观测手簿**

仪器型号__________　观测者__________　_____年_____月_____日　天气__________　记录者__________

目标	竖盘位置	水平度盘读数 (° ′ ″)	水平角值 (° ′ ″)	备注

八、简答

(1) 简述利用光学对中器进行对中与整平的操作步骤。

(2) 什么是水平角？简述水平角测量原理。

(3) 经纬仪上有哪些操作螺旋？各起什么作用？

(4) 在同一铅垂面内，瞄准不同高度的目标，在水平度盘上的读数是否应一样？

(5) 同样两个照准目标，起始方向读数不同，测得的两方向之间的夹角是否应该相等？

任务 1.7 测回法观测水平角

一、技能目标

(1)熟悉 DJ6 经纬仪的使用;
(2)掌握测回法测水平角的观测方法、记录与计算方法。

二、实训器具

每个小组领取下列实训器具：DJ6 光学经纬仪 1 台，经纬仪专用脚架 1 个，照准标志 2 个(测钎)，自备记录板、铅笔、计算器等。

三、实训要求

(1)熟练掌握经纬仪的安置(对中、整平)，对中和整平符合要求;
(2)进行两个测回的观测，第一测回置数在 0°附近，第二测回置数在 90°附近;
(3)各项限差符合规范要求。

四、实训步骤

如图 1.7.1 所示，欲测 OA、OB 两方向之间所夹的水平角，首先将经纬仪安置在测站点 O 上，并在 A、B 两点上分别设置照准标志(竖立花杆或测钎)，其观测方法和步骤如下：

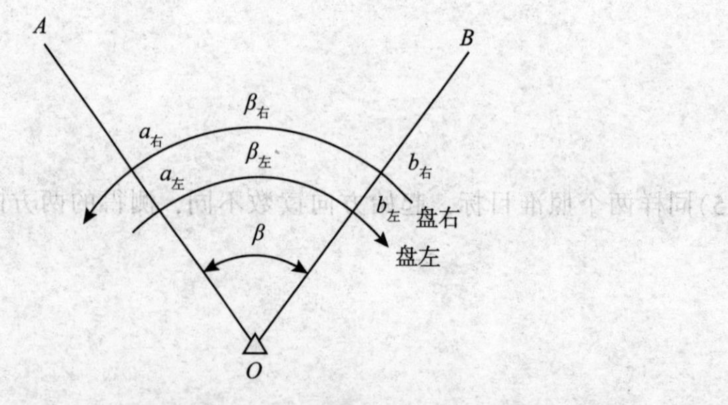

图 1.7.1 水平角观测

(1)使仪器竖盘处于望远镜左边(称盘左或正镜)，照准目标 A，配盘，使水平度盘读数略大于 0°(一般为 0°05′左右)，将读数 $\alpha_{左}$ 记入观测手簿。

(2)松开水平制动螺旋，顺时针方向转动照准部，照准目标 B，读取水平度盘读数为 $b_{左}$，将读数记入观测手簿。

以上两步骤称为上半测回(或盘左半测回)，测得角值为：

$$\beta_{左} = b_{左} - a_{左}$$

(3)纵转望远镜，使竖盘处于望远镜右边(称盘右或倒镜)，照准目标 B，读取水平度盘读数为 $b_{右}$，将读数记入手簿。

(4)逆时针转动照准部，照准目标 A，读取水平度盘读数为 $\alpha_{右}$，将读数记入手簿。

以上(3)、(4)两步骤称为下半测回(或盘右半测回)，测得角值为：

$$\beta_{右} = b_{右} - a_{右}$$

上、下两个半测回合称为一测回，一测回的观测程序概括为：上—左—顺，下—右—逆。

(5)计算一测回角。

(6)进行第二测回观测。

五、注意事项

(1)要严格对中和整平仪器，对中误差应在 3mm 以内，照准部水准管气泡应偏离在 1 格内；

(2)照准目标时，应尽量照准目标的底部，盘左、盘右照准目标的位置(高度)要尽量相同。

(3)由于水平度盘的刻划注记按顺时针方向增加，因此在计算角值时，无论是盘左还是盘右，均用右边目标的读数减去左边目标的读数，如果右边目标读数不够减，则应加上 360°后再减；

(4)各项记录要完整、清楚、正确，不能涂改，因读错、记错需要改动时，要按照记录的有关规定进行改正；

(5)由于度盘变化方式的不同，置数方法也不相同。对于采用度盘变换手轮的仪器，应先照准目标，然后打开变换手轮护盖，转动变换手轮进行置数，最后关闭护盖，以免碰动度盘。

(6)观测过程中，若发现水准管气泡偏离超过一格，应重新整平仪器，本测回重测。

(7)半测回差、测回差超限时，不得改动数据，应重测。

六、训练表格

按表 1.7.1 完成剩余部分的计算。

表 1.7.1　　　　　　　　　　**测回法观测手簿**

日期＿＿＿＿＿＿　仪器型号＿＿＿＿＿＿　观测者＿＿＿＿＿＿

时间＿＿＿＿＿＿　天　气＿＿＿＿＿＿　记录者＿＿＿＿＿＿

测站（测回）	目标	竖盘位置	水平度盘读数（° ′ ″）	半测回角值（° ′ ″）	一测回角值（° ′ ″）	各测回平均角值（° ′ ″）	备注
O（1）	*A*	左	0 02 30	95 18 18	95 18 24	95 18 20	
	B		95 20 48				
	B	右	275 21 12	95 18 30			
	A		180 02 42				
O（2）	*A*	左	90 03 06	95 18 30	95 18 15		
	B	右	185 21 36				
	B		5 30 54	95 18 00			
	A		270 12 54				
1（1）	*A*	左	0 03 12				
	B		40 33 24				
	B	右	220 33 18				
	A		180 03 00				
1（2）	*A*	左	90 01 06				
	B		130 31 12				
	B	右	310 31 06				
	A		270 00 54				

七、记录表格

将实训数据记录在表 1.7.2 中。

表 1.7.2 **测回法观测手簿**

日期__________ 仪器型号__________ 观测者__________

时间__________ 天 气__________ 记录者__________

测站(测回)	目标	竖盘位置	水平度盘读数(° ′ ″)	半测回角值(° ′ ″)	一测回角值(° ′ ″)	各测回平均角值(° ′ ″)	备注
		左					
		右					
		左					
		右					
		左					
		右					
		左					
		右					
		左					
		右					
		左					
		右					
		左					
		右					

八、简答

(1)简述测回法观测水平角的实训步骤。

(2)对水平角进行一测回的观测，观测过程中为什么既用盘左又用盘右观测？

(3)对水平角进行多测回的观测，测回间配置的起始目标读数如何变化？为什么？

(4)进行两个测回的水平角观测，测回间是否可以重新整平仪器？

(5)水平角观测的限差要求有哪些？

(6)半测回角如何计算？如果右目标小于左目标读数，半测回角如何计算？

任务 1.8　全圆方向法观测水平角

一、技能目标

(1)进一步熟悉 DJ6 经纬仪的操作使用;

(2)掌握全圆方向法观测水平角的观测、记录与计算。

二、实训器具

每个小组领取下列实训器具：DJ6 光学经纬仪 1 台，经纬仪专用脚架 1 个，照准标志 4 个(测钎)，自备记录板、铅笔、计算器等。

三、实训要求

(1)熟练掌握经纬仪的安置(对中、整平)，对中和整平符合要求;

(2)进行两个测回的观测，第一测回置数在 0°附近，第二测回置数在 90°附近;

(3)每个测回由两个人合作完成，每人观测一个测回，换人可以不重新安置仪器;

(4)各项限差符合规范要求。

四、实训步骤

如图 1.8.1 所示，欲测 *A*、*B*、*C*、*D* 四方向之间所夹的水平角，首先将经纬仪安置在测站点 *O* 上，并在 *A*、*B*、*C*、*D* 四点上分别设置照准标志(竖立花杆或测钎)，其观测方法和步骤如下:

(1)在测站点 *O* 安置经纬仪，选一距离适中、背景明亮、成像清晰的目标(如图中 *A*)作为起始方向，盘左照准 *A* 目标，配盘，使水平度盘读数略大于 0°(一般为 0°05′左右)，将读数记入观测手簿。

(2)顺时针转动照准部，依次照准 *B*、*C*、*D* 和 *A* 目标，读取水平度盘读数并将读数记入观测手簿。以上为上半测回。

(3)纵转望远镜，盘右逆时针方向依次照准 *A*、*D*、*C*、*B* 和 *A*，读取水平度盘读数并记入观测手簿，称为下半测回。

以上操作过程称为一测回，为了提高观测精度，常观测多个测回；各测回配盘方法与测回法相同。

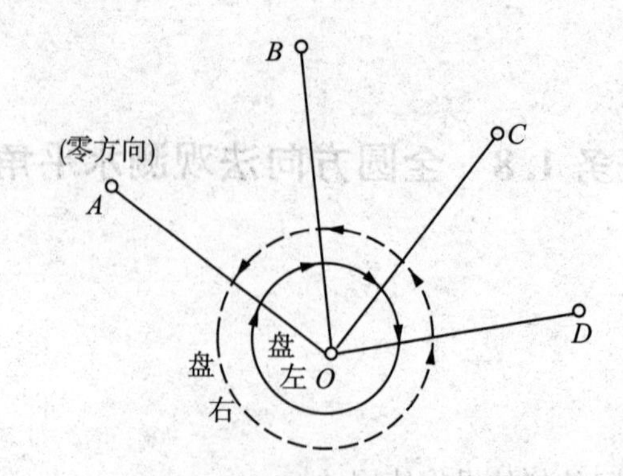

图 1.8.1　全圆方向法观测水平角

五、全圆方向法的记录、计算

全圆方向法的记录手簿如表 1.8.1 所示。盘左观测时，由上往下记录；盘右观测时，由下往上记录。记录方法和有关要求分述如下：

(1)半测回作业中，最后再次观测起始方向的操作称为归零。归零的目的是检核观测中仪器是否发生了变动。半测回的归零差应不超过±24″。

(2)$2C$ 即正倒镜照准同一目标时水平度盘读数之差，称为二倍照准差，按下式计算：

$$2C = 盘左读数\ L - (盘右读数\ R \pm 180°)$$

在没有水平度盘偏心差影响的情况下，$2C$ 值的大小和稳定性反映了望远镜视准轴与横轴是否垂直以及照准和读数是否精确。DJ6 经纬仪采用单指标，按上式计算的 $2C$ 中包含了水平度盘可能出现的偏心差，已不能真实反映与横轴的关系以及照准和读数的质量，故不必计算 $2C$ 值。

(3)同一方向盘左、盘右读数的平均值按下式计算：

$$平均值 = [L + (R \pm 180°)]/2$$

在一测回中，起始方向盘左、盘右读数的平均值有两个，应再取这两个平均值的中数写在第一个平均值上方的括号内，然后将各个方向盘左、盘右读数的平均值减去此中数，算得各方向的一测回归零方向值。各个测回同一方向的归零方向值较差不应超过±24″。

(4)取各测回归零方向值的平均值，填入手簿相应栏中；由相应两方向值相减即可求相应的水平角值。

六、注意事项

(1)要严格对中和整平仪器，对中误差在 3mm 以内，照准部水准管气泡偏离在 1 格内；

(2)照准目标时，应尽量照准目标的底部，盘左、盘右照准目标的位置(高度)要尽量相同；

(3)各项记录要完整、清楚、正确，不能涂改，因读错、记错需要改动时，要按照记录的有关规定进行改正；

(4)由于度盘变化方式的不同，置数方法也不相同。对于采用度盘变换手轮仪器，应先照准目标，然后打开变换手轮护盖，转动变换手轮进行置数，最后关闭护盖，以免碰动度盘；

(5)半测回归零差、2C 互差、各测回归零方向值之差应符合规范要求；若超限，按规定重测。

七、训练表格

完成表 1.8.1 剩余部分的计算。

表 1.8.1　**全圆方向法观测手簿**

测站	测回	目标	水平度盘读数		2C	平均读数	一测回归零方向值	各测回平均归零方向值	水平角
			盘左 (° ′ ″)	盘右 (° ′ ″)	(″)	(° ′ ″)	(° ′ ″)	(° ′ ″)	(° ′ ″)
O	1	A	0 01 12	180 01 00	+12	(0 01 03) 0 01 06	0 00 00		
		B	41 18 18	221 18 00	+18	41 17 06	41 16 03		
		C	124 27 36	304 27 30	+6	124 27 33	124 26 30		
		D	160 25 18	340 25 00	+18	160 25 09	160 24 06		
		A	0 01 06	180 00 54	+12	0 01 00			
O	2	C	90 03 18	270 03 12					
		D	13119 12	31119 00					
		A	214 29 54	34 29 42					
		B	250 27 24	70 27 06					
		C	90 03 06	270 03 00					

八、记录表格

将实训数据填写到表 1.8.2 中。

表 1.8.2　　　　全圆方向法观测手簿

日期＿＿＿＿＿＿　仪器型号＿＿＿＿＿＿　观测者＿＿＿＿＿＿

时间＿＿＿＿＿＿　天　气＿＿＿＿＿＿　记录者＿＿＿＿＿＿

测站	测回	目标	水平度盘读数		2C=左-(右±180°)(″)	平均数=[左+(右±180°)]/2(° ′ ″)	归零后方向值(° ′ ″)	各测回归零后方向平均值(° ′ ″)	备注
			盘左(° ′ ″)	盘右(° ′ ″)					
1	2	3	4	5	6	7	8	9	10

九、简答

(1)简述全圆方向法观测水平角的实训步骤。

(2)测回法适用于什么情况？全圆观测法适用于什么情况？

(3)全圆方向法观测水平角时，如何选择起始方向？

(4)全圆方向法有哪些限差要求？

任务1.9 天顶距观测

一、技能目标

(1)掌握竖直度盘与望远镜的转动关系以及竖盘指标补偿器的使用；

(2)掌握天顶距的观测、记录指标差和天顶距的计算方法。

二、实训器具

每个小组领取下列实训器具：DJ6光学经纬仪1台，经纬仪专用脚架1个，照准标志2个(测钎)，自备记录板、铅笔、计算器等。

三、实训要求

(1)熟练掌握经纬仪的安置(对中、整平)，对中和整平符合要求；

(2)选定两个高目标和两个低目标进行观测，比较天顶距的大小与视线的关系；

(3)进行两个测回的观测，每个测回由两个人合作完成，每人观测一个测回，换人可以不重新安置仪器；

(4)各项限差符合规范要求。

四、实训步骤

(1)安置仪器于测站点，对中整平。

(2)盘左照准起始目标(用水平中丝切目标点顶端)，打开竖盘指标补偿器开关，读取竖盘读数L并记入手簿；旋转照准部依次照准其他目标，分别读数、记录。

(3)盘右照准起始目标，读取竖盘读数R并记入手簿；旋转照准部依次照准其他目标，分别读数、记录。

(4)按公式$x=\frac{(L+R)-360^\circ}{2}$，分别计算指标差$x$；再按公式$Z=L-x$，计算天顶距。

第二测回观测程序同上。

五、注意事项

(1)要严格对中和整平仪器，对中误差在 3mm 以内，照准部水准管气泡偏离在 1 格内；

(2)读数前，必须打开竖盘指标补偿器开关，仪器装箱前，一定关上开关；

(3)照准目标顶部，盘左盘右照准同一目标的同一位置；

(4)指标差的变动范围不得超过 24″，各测回同一目标天顶距较差不得超过 24″。

六、练习表格

完成表 1.9.1 剩余部分的计算。

表 1.9.1　　天顶距观测手簿

日期________　仪器型号________　观测者________

时间________　天　　气________　记录者________

测站	目标	竖盘位置	竖盘读数 (° ′ ″)	指标差 (″)	天顶距 (° ′ ″)	备注
O	*A*	左	94 33 24	-18	94 33 42	
		右	265 26 00			
	B	左	81 34 00			
		右	278 25 48			
	C	左	72 18 18			
		右	287 41 24			
	D	左	96 32 48			
		右	263 27 06			

七、记录表格

将实训数据记入表 1.9.2 中。

表 1.9.2　　　　　　　　　　　　　**天顶距观测手簿**

日期＿＿＿＿＿＿　仪器型号＿＿＿＿＿＿　观测者＿＿＿＿＿＿

时间＿＿＿＿＿＿　天　　气＿＿＿＿＿＿　记录者＿＿＿＿＿＿

测站	目标	竖盘位置	竖盘读数（° ′ ″）	指标差（″）	天顶距（° ′ ″）	平均天顶距（° ′ ″）
		左				
		右				
		左				
		右				
		左				
		右				
		左				
		右				
		左				
		右				
		左				
		右				
		左				
		右				
		左				
		右				

八、简答

(1)简述天顶距观测的实训步骤。

(2)什么是竖盘指标差？如何计算竖盘指标差？观测中如何消除指标差的影响？

(3)进行两个测回的天顶距观测，测回间是否可以重新整平仪器？为什么？

(4)天顶距观测有哪些限差要求？

任务1.10 经纬仪检验与校正

一、技能目标

(1)掌握经纬仪各轴线间的正确关系，了解条件不满足时对测角的影响。
(2)基本掌握经纬仪检校的方法和步骤。

二、实训器具

每个小组领取下列实训器具：DJ6 光学经纬仪 1 台，经纬仪专用脚架 1 个，照准标志 1 个(测钎)，校正工具，自备记录板、铅笔、计算器等。

三、实训要求

(1)按检验项目的要求选择合适的实训场地；
(2)检验、校正时按规定的顺序进行；
(3)如检验出不符合要求的项目，须在指导教师的指导下进行校正，切忌盲目操作。

四、实训步骤

(一)照准部水准管的检验校正

(1)将仪器安置于一点，转动仪器使照准部水准管平行于一对脚螺旋，转动脚螺旋使气泡居中。
(2)打开水平制动螺旋，使照准部水准管旋转 180°，如气泡居中说明条件满足，否则就需要校正。
(3)旋转两个脚螺旋使气泡向中央移动偏移格数的一半。
(4)用校正针拨动水准管一端的校正螺旋(抬高或放低)使气泡居中。
此项检验校正需反复进行，直至水准管转到任何位置气泡都能居中。

(二)十字丝竖丝的检验校正

1. 检验

整平仪器后，用十字丝竖丝上端照准一个固定点，旋紧制动螺旋，转动望远镜微动螺旋使望远镜上下转动，如固定点始终不离开竖丝，说明条件满足(或者利用竖丝照准一垂线，如竖丝与垂线重合，说明条件满足)，否则就需要校正。

2. 校正

打开目镜护罩，松开四个十字丝校正螺丝(一般相邻两个校正螺丝)，转动十字丝环使竖丝再转到固定点上(或使竖丝与垂线重合)，拧紧校正螺丝。

(三)视准轴的检验校正

(1)安置经纬仪于一点，整平后用望远镜盘左位置照准远方 30m 与仪器同高点 A，读取水平度盘读数 M_1。

(2)倒转望远镜，以盘右位置照准目标 A 点，同前读数设为 M_2，若 $M_1 = M_2 \pm 180°$，则条件满足，否则就需要校正。

(3)计算正确盘左、盘右读数的平均值 $M = \frac{1}{2} \times (M_1 + M_2 \pm 180°)$。

(4)在盘右位置转动水平微动，使水平度盘读数 M_2 等于 M，此时十字丝环中心偏离 A 点。

(5)拨动十字丝环左右两个校正螺旋，松一个紧一个移动十字丝环，使十字丝环中心对准目相 A 点为止。

(四)横轴的检验校正

1. 检验

(1)安置仪器，使其距离墙壁 20~30m。

(2)打开望远镜制动螺旋，用望远镜照准墙壁高处一固定点 P，下旋望远镜到大致水平位置，在墙壁贴纸处标出十字丝中心照准的点位 M_1。

(3)倒转望远镜，在照准高处 P 点之后，下旋望远镜到大致水平位置，同前在墙上标出另一点 M_2，若 M_1与 M_2重合，说明此项条件是满足的，否则就需要校正。

2. 校正

在墙上取 M_1、M_2的中点为 M，转动使望远镜十字丝中点对准 M 后，上旋望远镜至 P 点，此时十字丝中心将不对准 P 点，打开支架封盖，转动偏心轴承固定螺旋即抬高或降低望远镜横轴的一端，使十字丝中心对准 P 点。

光学经纬仪的横轴是密封的，仪器没有受到很大震动，一般能保证横轴与竖轴的垂直关系。如需校正，最好由专业检修人员进行。

(五)竖盘指标差的检验

(1)用盘左位置照准高处目标 P 点位置，转动望远镜水准管微动螺旋使竖盘水准管气泡居中，读数为 L。

(2)用盘右位置，以同样方法，得到读数为 R，若 $X = [(L + R) - 360°]/2 \leq \pm 30''$，说明条件满足，否则就需要校正。

(3)盘右位置照准原目标，用校正针拨动水准管上下校正螺丝，使气泡居中。此项检校反复进行直至 $X \leq \pm 30''$。

(六)光学对中器的检验校正

1. 检验

在三脚架上装置经纬仪，在地面上铺以白纸，在纸上标出视线的位置，然后将照准部旋转 180°，如果视线仍在原来的位置，则上述关系满足。否则，需要校正。

2. 校正

校正时先在白纸上标定出两点的中点，然后打开对中器护盖，调整对中器的直角棱镜或对中器的分划板，使对中器对准中点，此项检校也应反复进行直到条件满足。

五、记录表格

将实训数据记入表 1. 10. 1 中。

表 1. 10. 1　　**经纬仪检验记录表**

日期：________　　天气：________　　仪器型号：________

<table>
<tr><td rowspan="2">1</td><td rowspan="2">水准管轴的检验</td><td colspan="2">检验次数</td><td>1</td><td>2</td><td>3</td></tr>
<tr><td colspan="2">气泡偏离格数</td><td></td><td></td><td></td></tr>
<tr><td rowspan="2">2</td><td rowspan="2">十字丝竖丝的检验</td><td colspan="2">检验次数</td><td>1</td><td>2</td><td>3</td></tr>
<tr><td colspan="2">误差是否显著</td><td></td><td></td><td></td></tr>
<tr><td rowspan="5">3</td><td rowspan="5">视准轴的检验</td><td>后视目标</td><td colspan="4">度盘读数</td></tr>
<tr><td rowspan="4">P</td><td>次数 / 读数</td><td>1</td><td>2</td><td>3</td></tr>
<tr><td>盘左</td><td></td><td></td><td></td></tr>
<tr><td>盘右</td><td></td><td></td><td></td></tr>
<tr><td>L −（R ± 180°）</td><td></td><td></td><td></td></tr>
<tr><td rowspan="4">4</td><td rowspan="4">横轴的检验</td><td>后视目标</td><td>次数 / 读数</td><td>1</td><td>2</td><td>3</td></tr>
<tr><td rowspan="3">M</td><td>盘左</td><td></td><td></td><td></td></tr>
<tr><td>盘右</td><td></td><td></td><td></td></tr>
<tr><td>L −（R ± 180°）</td><td></td><td></td><td></td></tr>
<tr><td rowspan="5">5</td><td rowspan="5">竖盘指标差的检验</td><td rowspan="2">检验次数</td><td colspan="2">竖盘读数</td><td rowspan="2">指标差</td><td rowspan="2">校正盘右正确读数</td></tr>
<tr><td>盘左</td><td>盘右</td></tr>
<tr><td>1</td><td></td><td></td><td></td><td></td></tr>
<tr><td>2</td><td></td><td></td><td></td><td></td></tr>
<tr><td>3</td><td></td><td></td><td></td><td></td></tr>
<tr><td rowspan="3">6</td><td rowspan="3">光学对中器的检验</td><td rowspan="3">检验次数</td><td>1</td><td rowspan="3">偏离值</td><td colspan="2"></td></tr>
<tr><td>2</td><td colspan="2"></td></tr>
<tr><td>3</td><td colspan="2"></td></tr>
</table>

六、简答

(1)简述视准轴的检验校正方法。

(2)经纬仪有哪些主要轴线？各轴线之间应满足哪些几何条件？

(3)水平角观测盘左盘右观测可以消除哪些误差？天顶距观测盘左盘右观测可以消除哪些误差？

任务1.11 经纬仪视距测量

一、技能目标

(1)掌握经纬仪视距测量的观测、记录和计算方法。

(2)掌握视距测量不同操作方法的观测过程。

(3)熟悉视距测量的计算器操作，体验不同操作方法观测结果之间的差异。

二、实训器具

每个小组领取下列实训器具：DJ6 经纬仪 1 台，经纬仪专用脚架 1 个，视距尺(水准尺)1 根，小钢卷尺 1 把，自备记录板、铅笔、计算器等。

三、实训要求

(1)同一个点位用四种不同操作方法进行观测，分别进行计算，并比较不同方法观测结果之间的差异。

(2)水平距离取位至 0.1m，高差取位至 0.1m(平地取位至 0.01m)；不同方法水平距离差异不超过 0.1m，高差差异不超过 0.1m。

四、实训步骤

(1)测站点上安置仪器，对中整平，量取仪器高 i(精确至厘米)，假定测站点高程为 H_0。

(2)选择立尺点，竖立视距尺。

(3)以经纬仪的盘左位置照准视距尺，采用不同的操作方法对同一根视距尺进行观测。对于天顶距式注记的经纬仪，在忽略指标差的情况下，盘左竖盘读数即天顶距。根据不同的仪器，竖盘读数前，或者打开竖盘指标补偿器开关，或者使竖盘指标水准管气泡居中。采用的操作方法如下：

①任意法：望远镜十字丝照准尺面，高度使三丝均能读数即可。

读取上丝读数、下丝读数、中丝读数 v、竖盘读数 Z，分别计入手簿。

计算：水平距离 $D=Kl\sin^2 Z$，高差 $h=D/\tan Z+i-v$，高程 $H=H_0+h$。

②等仪器高法：望远镜照准视距尺，使中丝读数等于仪器高，即 $v=i$。

读取上丝读数、下丝读数、竖盘读数 L，分别计入手簿。

计算：水平距离 $D=Kl\sin^2 Z$，高差 $h=D/\tan Z$，高程 $H=H_0+h$。

③直读视距法：望远镜照准视距尺，调节望远镜高度，使下丝对准视距尺上整米读数，且三丝均能读数。

读取视距 Kl、中丝读数 v、竖盘读数 L，分别计入手簿。

计算：水平距离 $D=Kl\sin^2 Z$，高差 $h=D/\tan Z+i-v$，高程 $H=H_0+h$。

④平截法（经纬仪水准法）：望远镜照准视距尺，调节望远镜高度，使竖盘读数 $L=90°$。

读取上丝读数、下丝读数、中丝读数 v，分别计入手簿。

计算：水平距离 $D=Kl$，高差 $h=i-v$，高程 $H=H_0+h$。

五、注意事项

(1)视距测量只用盘左观测半个测回，所以实训所用经纬仪事先应进行检验校正，使竖盘指标差不超过1′。

(2)视距尺应竖直。

(3)用四种不同的方法观测时，立尺点位不要改变。

(4)对于有竖盘指标补偿器的仪器，装箱前应关闭其开关。

六、训练表格

完成表 1.11.1 剩余部分的计算。

表 1.11.1　　视距测量记录手簿

日期 ××××年××月××日　　小　组 第一组　　仪器型号 D-5

测站名称 *A*　　测站高程 80.00m　　仪器高 1.50m

测点	读数		视距 Kl(m)	中丝	竖盘读数 (° ′ ″)	水平距离 (m)	高差(m)	高程 (m)
	上丝	下丝						
1	1.523	1.244	27.9	1.384	90 30 00	27.9	-0.13	79.87
2	1.865	1.175		1.520	87 35 24			
3	2.485	1.678		2.082	92 45 36			
4	1.678	0.834		1.256	90 12 30			

七、记录表格

将实训数据记入表 1.11.2 中。

表 1.11.2　　　　**视距测量记录手簿**

日期____________　小　组____________　仪器型号____________

测站名称____________　测站高程____________　仪器高____________

测号	读数		视距 Kl(m)	中丝	竖盘读数 (° ′ ″)	水平距离 (m)	高差(m)	高程 (m)
	上丝	下丝						

八、简答

(1)简述用等仪器高法进行视距测量的操作步骤。

(2)视距测量有几种不同的观测方法？各种不同的观测方法的实施要点是什么？

(3)经纬仪在什么情况下提供的视线是水平的？

(4)采用平截法进行视距测量，如果事先测定出经纬仪的竖盘指标差为-36″，请问盘左竖盘读数为多少时，经纬仪提供的视线是水平的？

任务1.12 全站仪三要素测量

一、技能目标

(1)认识全站仪的构造，掌握全站仪各部分操作螺旋的使用。

(2)掌握安置全站仪的方法。

(3)掌握全站仪角度测量、距离测量和高差测量的按键操作。

二、实训器具

每个小组领取下列实训器具：全站仪1台(套)，全站仪专用架腿1个，反射棱镜2台(套)，棱镜用架腿2个，小钢卷尺1把，自备铅笔、计算器等。

三、实训要求

(1)学会全站仪的使用后才能开机操作。

(2)角度取位至1″，水平距离取位至0.001m，高差取位至0.001m。

四、实训步骤

(1)测站点上安置仪器，对中整平，量取仪器高i(精确至毫米)。

(2)待测点上安置反射棱镜，棱镜朝向全站仪，量取棱镜高(精确至毫米)。

(3)认识全站仪操作面板，学会全站仪各部分操作螺旋的使用。

(4)全站仪开机(视不同型号的全站仪决定是否在水平和竖直方向转动)，进入开机界面(一般设置为角度测量模式)。

(5)全站仪盘左照准左侧棱镜中心，在角度测量模式下置零，进入距离测量模式测距，记录水平距离和高差，回到测角模式。

(6)全站仪盘左照准右侧棱镜中心，记录水平度盘读数；进入距离测量模式测距，记录水平距离和高差，回到测角模式。

(7)全站仪盘右照准右侧棱镜中心，记录水平度盘读数；进入距离测量模式测距，记录水平距离和高差，回到测角模式。

(8)全站仪盘右照准左侧棱镜中心，记录水平度盘读数；进入距离测量模式测距，记录水平距离和高差，回到测角模式。

五、注意事项

(1)全站仪价格昂贵，一定要按规程操作，保证仪器安全。

(2)仪器未整平不得开机，以免损坏全站仪补偿装置。

(3)开机观测以前，首先设置棱镜常数，使其与使用的棱镜常数相同；再输入温度、气压，以进行气象改正；距离测量选择精测测量模式。

(4)实训以外的功能不要操作，尤其是不要改变全站仪的设置。

(5)量取仪器高和棱镜高时，直接从地面点斜量至相应的中心位置。

(6)每次照准都要照准棱镜中心。

(7)测量工作完成后，全站仪必须关机后再装箱。

六、训练表格

完成表 1.12.1 剩余部分的计算。

表 1.12.1　**全站仪三要素测量记录手簿**

日期________　小组________　仪器型号________

测站 —— 仪器高 (m)	测点	度盘读数 (° ′ ″)		半测回角 (° ′ ″)	一测回角 (° ′ ″)	棱镜高 (m)	水平 距离 (m)	平均 距离 (m)	高差 (m)	地面 高差 (m)	平均 高差 (m)
		左	右								
1 —— 1.450	A	0 00 00	180 00 01	90 00 01	90 00 00	1.625	99.343	99.345	+1.002	+0.827	+0.828
							99.347		+1.005	+0.830	
	B	90 00 01	270 00 00	89 59 59		1.585	50.534	50.534	-2.001	-2.136	-2.137
							50.533		-2.003	-2.138	
2 —— 1.500	C	0 00 00	179 59 58	120 45 40	120 45 40	1.732	78.876	78.876	-0.424	-0.656	-0.656
							78.877		-0.423	-0.655	
	D	120 45 40	300 45 39	120 45 41		1.633	62.425	62.426	+1.428	+1.295	+1.294
							62.427		+1.426	+1.293	
3 —— 1.623	E	0 00 00	180 00 01			1.602	66.456		+1.467		
							66.455		+1.465		
	F	155 34 55	335 34 57			1.534	87.654		+1.593		
							87.654		+1.590		
4 —— 1.548	G	0 00 00	180 00 00			1.476	44.655		-0.342		
							44.653		-0.343		
	H	45 56 41	225 56 38			1.634	60.001		+1.234		
							60.000		+1.235		

续表

测站 —— 仪器高（m）	测点	度盘读数（° ′ ″） 左	度盘读数（° ′ ″） 右	半测回角（° ′ ″）	一测回角（° ′ ″）	棱镜高（m）	水平距离（m）	平均距离（m）	高差（m）	地面高差（m）	平均高差（m）
5 —— 1.365	*I*	0 00 00	180 00 00			1.654	53.734		−0.940		
							53.735		−0.937		
	J	63 04 54	243 04 55			1.591	70.349		−1.731		
							70.350		−1.732		
6 —— 1.478	*K*	0 00 00	180 00 02			1.646	57.190		−1.110		
							57.191		−1.111		
	L	179 00 34	359 00 34			1.705	68.056		+0.450		
							68.059		+0.451		
7 —— 1.526	*M*	0 00 00	180 00 00			1.731	84.011		−0.303		
							84.010		−0.304		
	N	145 38 55	325 38 53			1.539	47.009		−1.103		
							47.008		−1.102		

七、记录表格

将实训数据填入表1.12.2中。

表1.12.2 全站仪三要素测量记录手簿

日期________ 小组________ 仪器型号________

测站 —— 仪器高（m）	测点	度盘读数（° ′ ″） 左	度盘读数（° ′ ″） 右	半测回角（° ′ ″）	一测回角（° ′ ″）	棱镜高（m）	水平距离（m）	平均距离（m）	高差（m）	地面高差（m）	平均高差（m）

续表

测站——仪器高(m)	测点	度盘读数(° ′ ″)		半测回角(° ′ ″)	一测回角(° ′ ″)	棱镜高(m)	水平距离(m)	平均距离(m)	高差(m)	地面高差(m)	平均高差(m)
		左	右								

八、简答

(1)简述全站仪三要素测量的实训步骤。

(2)简述全站仪测距的基本原理。

(3)简述全站仪的结构组成。

任务1.13　导线测量

一、技能目标

(1)掌握导线的布设方法。

(2)熟悉全站仪的操作。

(3)掌握全站仪图根导线的观测、记录与计算方法。

(4)掌握全站仪导线的主要技术指标，掌握测站及路线的检核方法。

二、实训器具

每个小组领取下列实训器具：全站仪1台(套)、全站仪专用架腿1个，反射棱镜2台(套)，棱镜用架腿2个，小钢卷尺1把，自备铅笔、计算器等。

三、实训要求

(1)布设由4个点组成的闭合导线。

(2)测角：采用一测回观测，半测回角限差36″。

(3)测边：采用对向观测，单向观测1个测回(记录至毫米单位)。相对误差小于等于1/5000。

(4)角度闭合差允许值：$f_{\beta允} = \pm 40'' \sqrt{n}$ 。

(5)导线全长相对闭合差：$K \leqslant 1/5000$。

(6)角度取位至秒，坐标取位至毫米。

四、实训步骤

如图1.13.1所示为4点闭合导线，已知1点的平面坐标(x_1，y_1)，直线12的坐标方位角，测算2、3、4点的平面坐标。

(1)1点上安置全站仪，量取仪器高i(精确至毫米)。

(2)待测点4、2点上安置反射棱镜，对中整平后棱镜朝向全站仪，量取棱镜高(精确至毫米)。

(3)观测者使用全站仪进行角度及距离测量，角度测量采用测回法观测一测回；距离测量采用对向观测，每个单向盘左盘右观测。

(4)记录者复述观测结果并记录到观测表格中。

(5)采用逐点观测的方法搬站，即将仪器搬至2点，4点棱镜搬至1点，2点棱镜搬至3点，重复以上的观测方法，直至终点。

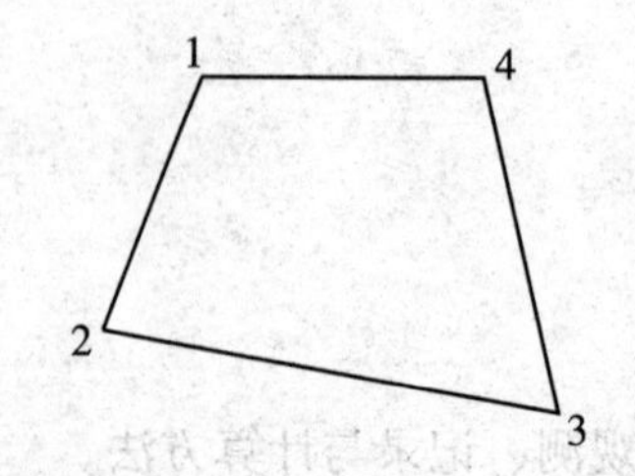

图1.13.1 4点闭合导线示意图

五、注意事项

(1)全站仪价格昂贵，一定要按规程操作，保证仪器安全。

(2)仪器未整平不得开机，以免损坏全站仪补偿装置。

(3)开机观测以前，首先设置棱镜常数，使其与使用的棱镜常数相同；再输入温度、气压，以进行气象改正；距离测量选择精测测量模式。

(4)实训以外的功能不要操作，尤其是不要改变全站仪的设置。

(5)量取仪器高和棱镜高时，直接从地面点斜量至相应的中心位置。

(6)每次照准都要照准棱镜中心。

(7)测量工作完成后，全站仪必须关机后再装箱。

(8)每测站需要一名组员进行观测，一名组员进行记录，两名成员架设棱镜，每位小组成员都需要进行观测、记录、立棱镜。

六、记录表格

将记录结果填写在表1.13.1中。

七、计算表格

将观测数据填入表1.13.2中，假定已知点坐标和起始边的方位角，完成导线计算。

表 1.13.1 **平面控制测量外业记录表格**

日期________ 小组________ 仪器型号________

测站	竖盘位置	目标	水平度盘读数	半测回角值	一测回角值	边名	盘左 盘右	往测 返测	平均距离	备注
	左									
	右									
	左									
	右									
	左									
	右									
	左									
	右									
	左									
	右									
	左									
	右									
	左									
	右									
	左									
	右									

表1.13.2　　**闭合导线坐标计算表**

点名	改正数 观测角值 (° ′ ″)	改正后 角值 (° ′ ″)	方位角 (° ′ ″)	边长 (m)	改正数(mm) 增量计算值(m)		改正后的坐标 增量值(m)		坐标(m)	
					Δx_i	Δy_i	$\Delta x_{i改}$	$\Delta y_{i改}$	x	y
$\sum$								0		

辅助计算：

八、简答

(1)简述导线测量的实训步骤。

(2)导线有哪几种布设形式？各适用于什么情况？

任务 1.14　经纬仪测绘法

一、技能目标

(1)掌握经纬仪测绘法测图的方法和步骤；

(2)掌握经纬仪测绘法测图的记录与计算方法，熟悉计算器的使用；

(3)掌握经纬仪测绘法测图展点与绘图方法。

二、实训器具

每个小组领取下列实训器具：DJ6 经纬仪 1 台，经纬仪专用架腿 1 个，图板 1 块，展点工具 1 套(量角器、三棱尺、小针；坐标展点器)，视距尺(水准尺)1 根，小钢卷尺 1 把，自备记录板、铅笔、计算器等。

三、实训要求

(1)地面上若无已知控制点，采用假定的三维坐标。

(2)每观测完一点即刻进行计算并展点，边测边展边绘。

(3)水平距离、坐标增量、坐标取位至 0.1m，高差、高程取位至 0.1m(平地取位至 0.01m)。

四、实训步骤

1. 安置仪器

测站点上安置仪器，对中整平，量取仪器高 i(精确至厘米)，假定测站点三维坐标；定向点竖立觇标。

2. 安置图板

①量角器配合三棱尺展点：图板安置在测站点附近，在图板上确定测站点位置，画上起始方向线，将小针通过量角器的小孔钉在测站点上，使量角器能绕小针自由旋转。

②坐标展点器展点：图板安置在测站点附近，根据图廓西南角坐标确定每条格网线坐标。

3. 经纬仪定向

①量角器配合三棱尺展点：经纬仪盘左照准觇标底部，配盘，使水平度盘读数为0°00′00″。

②坐标展点器展点：经纬仪盘左照准觇标底部，配盘，使水平度盘读数为后视方向的

方位角。

4. 碎部点测量

待测地形点上竖立视距尺，经纬仪照准视距尺，采用下列视距测量的任何一种方法进行观测，并读取水平度盘读数。

①任意法；②等仪器高法；③直读视距法；④平截法(经纬仪水准法)。

5. 测站计算

①量角器配合三棱尺展点：根据不同的观测方法，按视距测量计算水平距离和高差，再计算高程。

②坐标展点器展点：根据不同的观测方法，按视距测量计算水平距离和高差，再计算坐标增量、坐标和高程。水平度盘读数就是照准方向的方位角。

$$\Delta x = D\cos\alpha,\ \Delta y = D\sin\alpha$$

$$x_{碎} = x_{站} + \Delta x,\ y_{碎} = y_{站} + \Delta y,\ H_{碎} = H_{站} + h$$

6. 展绘碎部点

①量角器配合三棱尺展点：根据水平距离和水平角(水平度盘读数)，将碎部点展绘在图纸上，并在点位右侧注记高程。

②坐标展点器展点：首先确定碎部点所在方格西南角坐标，然后计算碎部点与它所在方格西南角坐标差，根据坐标差将碎部点展绘在图纸上，并在点位右侧注记高程。

7. 地形图绘制

将地物点按地物形状连接起来，根据地貌点勾绘等高线。

五、注意事项

(1)经纬仪测绘法只用盘左观测，所以实训所用经纬仪应事先进行检验校正，使竖盘指标差不超过1′。

(2)根据不同的展点方法，选择不同的定向方法、观测方法、计算方法。

(3)边测边算边绘。

(4)每观测若干点后，进行定向检查，定向误差不超过4′。

六、训练表格

(1)量角器配合三棱尺展点：完成表1.14.1剩余部分的计算。

表1.14.1　　　　**经纬仪测绘法记录手簿**

日期________　小组________　仪器型号________

测站点　*A*　　后视点　*B*　　测站高程　100m　　仪器高　1.45m

测点	读数(m)		视距(m)	中丝(m)	水平度盘读数(° ′ ″)	竖盘读数(° ′ ″)	水平距离(m)	高差(m)	高程(m)
	上丝	下丝							
1	1.483	1.033	45.0	1.258	92 25 30	31 45 36	45.0	−0.33	99.86

续表

测点	读数(m)		视距(m)	中丝(m)	水平度盘读数(° ′ ″)	竖盘读数(° ′ ″)	水平距离(m)	高差(m)	高程(m)
	上丝	下丝							
2	1.621	1.114	50.7	1.369	88 15 24	55 34 24			
3	1.910	1.237	68.3	1.578	95 34 00	68 44 30			
4	1.756	1.198	55.8	1.477	92 34 54	84 43 24			

(2)坐标展点器展点：完成表 1.14.2 剩余部分的计算。

表 1.14.2　**经纬仪测绘法记录手簿**

日期________　小组________　仪器型号________

测站点 *A*　后视点 *B*　后视方位角 0°30′30″　仪器高 1.45m

测站点纵坐标 500.00m　测站点横坐标 500.00m　测站点高程 62.5m

测点	上丝(m)	下丝(m)	视距(m)	中丝(m)	水平度盘读数(°′″)	竖盘读数(°′″)	水平距离(m)	高差(m)	坐标增量(m)		坐标(m)		高程(m)
									Δx	Δy	x	y	
1	1.681	1.251		1.466	30 35 00	89 43 00							
2	1.692	1.262		1.477	68 42 30	88 40 30							
3	1.543	0.853		1.198	75 24 30	91 20 30							
4	1.854	1.024		1.439	35 26 00	92 12 00							
5	1.764	1.255		1.509	45 16 00	93 54 00							
6	1.843	1.145		1.494	64 45 00	89 43 00							
7	1.643	1.135		1.389	94 34 00	86 45 00							
8	1.834	1.234		1.534	134 53 00	88 34 00							

七、记录表格

(1)量角器配合三棱尺展点：将实训数据填入表 1.14.3 中。

表 1.14.3　　　　　　　　　　**经纬仪测绘法记录手簿**

日期________　小组________　仪器型号________

测站点________　后视点________　测站高程________　仪器高________

测点	读数		视距	中丝	水平度盘读数	竖盘读数	水平距离	高差	高程
	上丝	下丝							

(2)坐标展点器展点：将实训数据填入表 1.14.4 中。

表 1.14.4　　　　　　　　　　**经纬仪测绘法记录手簿**

日期________　小　　组________　仪器型号________

测站点________　后视点________　后视方位角________　仪器高________

测站点纵坐标________　测站点横坐标________　测站点高程________

测点	上丝(m)	下丝(m)	视距(m)	中丝(m)	水平度盘读数(° ′ ″)	竖盘读数(° ′ ″)	水平距离(m)	高差(m)	坐标增量(m)		坐标(m)		高程(m)
									Δx	Δy	x	y	

续表

测点	上丝（m）	下丝（m）	视距（m）	中丝（m）	水平度盘读数（° ′ ″）	竖盘读数（° ′ ″）	水平距离（m）	高差（m）	坐标增量（m）		坐标（m）		高程（m）
									Δx	Δy	x	y	

八、简答

(1)简述观测时采用直读视距法的操作要领。

(2)简述经纬仪测绘法在测站上的操作步骤。

(3)什么是碎部测量？碎部测量时如何选择碎部点？

(4)什么叫地形图？地形图上应该包括哪些内容？

(5)什么叫地物符号？地物符号分哪几种？

(6)什么是等高线？等高线有哪些特性？

任务 1.15　全站仪野外数据采集

一、技能目标

(1)熟悉全站仪的安置以及基本操作。

(2)掌握利用全站仪进行野外数字测图的测站设置、后视定向和定向检查。

(3)掌握利用全站仪进行野外数字测图的碎部测量、数据存储和数据传输。

二、实训仪器

每个小组领取下列实训器具：全站仪 1 台，专用架腿 1 个，跟踪杆 1 根，反光棱镜 1 个，自备记录板、铅笔等。

三、实训要求

(1)每名同学分别进行全站仪的测站设置、后视定向、定向检查和数据采集。

(2)每小组完成一定范围内的地形图数据采集工作。

四、实训步骤

(一)全站仪数据采集的步骤

(1)安置仪器：在测站点上安置仪器，包括对中和整平，对中误差控制在 3mm 之内。

(2)建立或选择工作文件：工作文件临时储存当前测量数据的文件，文件名要简洁、易懂，便于区分不同时间或地点的数据，一般可用测量时的日期作为工作文件的文件名。

(3)测站设置：如果工作文件中已有测站点坐标，可从文件中选择测站点点号来设置测站；如果工作文件中没有测站点，则需要手工输入测站点坐标来设置测站。

(4)后视定向：照准后视点，从仪器中调入或手工输入后视点坐标，也可直接输入后视方位角，按[确认]键进行定向。

(5)定向检查：定向检查是碎部点采集之前重要的工作，特别是对于初学者。在定向工作完成之后，再到另一个控制点竖立棱镜，将测出来的坐标和已知坐标比较，通常 X、

Y坐标差都应该在1cm之内。通常要求每一测站开始观测和结束时都应做定向检查，确保数据无误。

(6)碎部测量：定向检查结束之后，就可进行碎部测量。采集碎部点前先输入点号，碎部测量可用草图法或编码法两种方法。草图法需要外业绘制草图，内业按照草图成图；编码法需要对各个碎部点输入编码，内业通过简码识别自动成图。

(二)全站仪数据传输

1. 在全站仪上操作(GTS2000系列仪器)

①连接数据线；②开机；③按[MENU]键进入程序菜单；④按[F3]键进入存储管理界面；⑤按[F4]键两次进入存储管理3/3界面；⑥按[F1]键(数据通信)进入数据传输界面；⑦按[F3]键进入通信参数设置；⑧按[F1]键发送数据；⑨按[F1]~[F3]键选择发送数据类型；⑩选择发送文件。

2. 在计算机上操作

①打开计算机，进入CASS绘图界面；②选择“数据”下拉菜单中“读取全站仪数据”菜单项；③在计算机中进行通信参数设定；④输入传输数据文件名；⑤点击转换；⑥在计算机上按回车；⑦在全站仪上按回车，开始传输数据。

五、注意事项

(1)仪器未整平不得开机，以免损坏全站仪补偿装置。

(2)开机观测以前，首先设置棱镜常数，使其与使用的棱镜常数相同；再输入温度、气压，以进行气象改正；距离测量选择跟踪测量模式即可。

(3)无论采用何种方式定向，定向操作前一定要照准后视点棱镜。

(4)量取仪器高和棱镜高时，直接从地面点斜量至相应的中心位置。

(5)测量工作完成后，全站仪必须关机后再装箱。

六、野外观测草图的绘制

请将野外观测草图绘制到表1.15.1中。

表 1.15.1　　　　　　　　　　　**野外观测草图**

项目名称：________　项目地点：________　使用仪器：________

观测者：________　绘图者：________　测图日期：________

草　图
北

任务1.16　极坐标法测设点位

一、技能目标

(1)掌握测设数据的计算。
(2)掌握极坐标法测设点位的方法和要求。
(3)掌握钢尺量距方法。

二、实训仪器

每个小组领取下列实训器具：经纬仪1台，经纬仪专用架腿1个，钢卷尺1把，自备记录板、铅笔、计算器等。

三、实训要求

(1)每组完成一个建筑物的测设工作。
(2)每人完成一个点位的测设工作。
(3)测设完成后做好检测工作，并符合要求。

四、实训步骤

(一)计算测设数据

如图1.16.1所示，A，B为已知平面控制点，其坐标值分别为$A(x_A, y_A)$、$B(x_B, y_B)$，P点为建筑物的转折点，其坐标值为$P(x_p, y_p)$。现根据A、B两点，在A点用极坐标法测设P点，其测设数据计算方法如下。

(1)坐标反算，计算AB边的坐标方位角α_{AB}和AP边的坐标方位角α_{AP}。

$$\alpha_{AB}=\arctan\Delta y_{AB}/\Delta x_{AB}，\alpha_{AP}=\arctan\Delta x_{AP}/\Delta y_{AP}$$

注意：每条直线在计算坐标方位角时，判断该直线所属象限。

(2)计算AP与AB之间的夹角。

$$\beta=\alpha_{AP}-\alpha_{AB}$$

(3)计算A、P两点间的水平距离。

$$D_{AP}=\sqrt{(x_p-x_A)^2+(y_P-y_A)^2}=\sqrt{\Delta x_{AP}^2+\Delta y_{AP}^2}$$

同法计算出其他各点的测设数据。

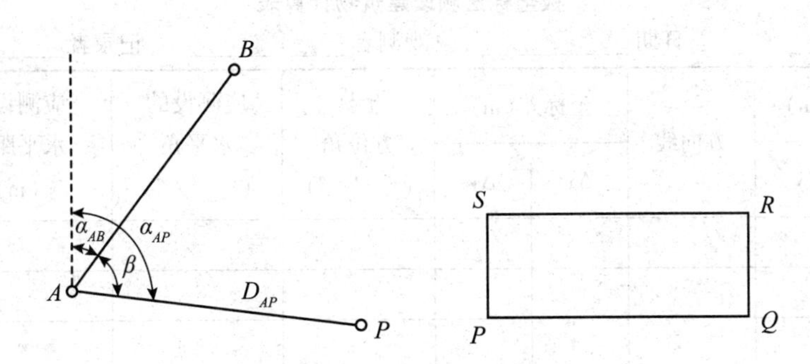

图 1.16.1　极坐标法测设点位

(二)点位测设方法

(1)在 A 点安置经纬仪，照准 B 点，按顺时针方向测设 β 角，定出 AP 方向。
(2)沿 AP 方向自 A 点测设水平距离 D_{AP}，定出 P 点，作出标志。
(3)用同样的方法测设 Q、R、S 点。

(三)检核

(1)实测四个内角，应为 90°，误差符合要求。
(2)实测四条边长，计算相对误差，应符合要求。
(3)实测对角线长，误差符合要求。

五、限差与规定

(1)经纬仪对中误差不能超过±2mm。
(2)放样角度的误差不能超过±36″。
(3)放样距离的误差不能超过 1/3000。
(4)在地面上标定 P、Q、R、S 点的误差不能超过±3mm。

六、注意事项

(1)仔细校核已知点的坐标与实地和设计给定的数据是否相符。
(2)尽可能用不同的计算工具或计算方法进行两人对算，以便互相检核。
(3)用放样出的点进行相互检核。
(4)由指导老师选定 $A(x_A, y_A)$、$B(x_B, y_B)$、$P(x_p, y_p)$及长方形 D_{PQ}、D_{PS}值。

七、计算表格

将已知数据和计算结果填入表 1.16.1 中。

表 1.16.1　　　　　　　　　　**极坐标法测设建筑物计算表**

仪器＿＿＿＿＿＿　日期＿＿＿＿＿＿　观测者＿＿＿＿＿＿　记录者＿＿＿＿＿＿

点名	坐标值(m)		方向线	坐标差(m)		坐标方位角(° ′ ″)	应测设的水平角(° ′ ″)	应测设的水平距离(m)	备注
	x	y		Δx	Δy				

测设示意图：

八、检核表格

将检核数据记入表 1.16.2 中。

表 1.16.2

测设检测记录表

仪器______ 日期______ 观测者______ 记录者______

角号	实测角值 (° ′ ″)	理论值 (° ′ ″)	误差(″)	线段	实测距离 (m)	已知距离 (m)	误差 (mm)	相对误差

九、简答

(1)简述极坐标法测设点位的实训步骤。

(2)什么是施工测设？三项基本测设工作指哪些？

(3)测设点的平面位置有哪些方法？各适用于何种情况？

任务 1.17　全站仪测设点位

一、技能目标

(1)熟练掌握全站仪的安置;

(2)掌握全站仪坐标测设的测站设置的操作;

(3)掌握利用全站仪进行坐标放样。

二、实训器具

每个小组领取下列实训器具：全站仪 1 台，专用架腿 1 个，跟踪杆 1 个，棱镜 1 个，钢卷尺 1 把，铁钉、锤子、记录板，自备铅笔、计算器等。

三、实训要求

(1)每组完成一个建筑物的测设。

(2)每人完成一个点位的测设工作。

(3)测设完成后做好检测工作，并符合要求。

(4)按图 1.17.1 所示进行放样测设。

根据提供的控制点 A、B 和建筑物轴线点 1、2 的坐标，计算出建筑物轴线点 3、4 的坐标，然后在 A 点(或 B 点)设测站，以 B 点(或 A 点)为后视方向，用全站仪测设建筑物轴线点 1、2、3、4 各点，用钢卷尺检验边长与对角线的水平距离。

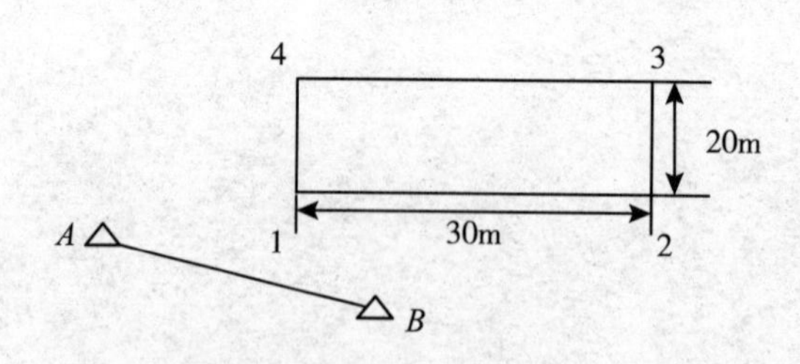

图 1.17.1　全站仪测设点位

四、实训步骤

(1)计算出 3 点、4 点坐标，并记录。

(2)在 A 点(或 B 点)安置全站仪，进行对中、整平。

(3)进入放样测量界面，进行测站设置。测站设置方法有两种：①利用内存中的坐标数据；②直接键入坐标数据。

(4)进行后视定向，后视定向方法有三种：①利用内存中的坐标数据；②直接键入坐标数据；③直接键入坐标方位角。

(5)输入放样点坐标，全站仪显示照准方向与测设方向的方位角差值，旋转照准部，使方位角差值为零。

(6)在望远镜照准方向上竖立棱镜，进行距离测量，全站仪显示实测距离与测设距离的差值，前后移动棱镜，使距离差值等于零，此时全站仪显示的方位角差值也应为零，否则应左右移动跟踪杆使其为零。

(7)在地面上标定出点位，此点位即为欲测设点位。

(8)测设完成后，用钢尺检验边长及对角线长度。

五、注意事项

(1)安全操作仪器，正确进行初始设置。

(2)设置后视点时应做好测站检核。

(3)测设点位后，再次进行坐标测量，予以检核。

(4)对中误差不超过 3mm。水准管气泡偏离不超过 1 格，距离检验限差不超过±3mm。

六、记录表格

将坐标计算结果填入表 1.17.1 中，水平距离检验填入表 1.17.2 中。

表 1.17.1　　**坐标计算**

仪器________　日期________　观测者________　记录者________

点名	纵坐标 X(m)	横坐标 Y(m)	备注

表 1.17.2 **水平距离检验**

仪器______ 日期______ 观测者______ 记录者______

边名	设计长度(m)	检核长度(m)	长度差值(m)	备注

七、简答

(1)简述全站仪测设点位的实训步骤。

(2)在全站仪上，如何进行测站设置的操作？如何进行后视定向的操作？

任务 1.18　高程与坡度测设

一、技能目标

(1)掌握高程测设数据计算方法。

(2)掌握坡度线测设数据计算方法。

(3)掌握高程测设、坡度测设的方法。

二、实训器具

每个小组领取下列实训器具：DS3 水准仪 1 台，专用架腿 1 个，水准尺 2 根，记录板 1 块，自备铅笔、计算器等。

三、实训要求

(1)根据已知点高程与待测设点的设计高程，计算高程测设数据，利用水准仪将已知高程测设于实地。

(2)根据待设坡度线起点、终点，以及起点高程和坡度 i，计算坡度线放样数据，利用水准仪完成已知坡度线的放样。

四、实训步骤

(一)高程测设

(1)如图 1.18.1 所示，在已知高程点 BM_5 与待测点 A(可在墙面上，也可在给定位置钉的大木桩上)距离适中位置架设水准仪，在 BM_5 点上竖立水准尺。

(2)计算视线高(H_i)：仪器整平后，照准 BM_5 点上的水准尺读取后视读数 a，计算视线高 H_i，$H_i=H_{BM_5}+a$；计算放样点水准尺应有读数 $b_{应}$，$b_{应}=H_i-H_A=(H_{BM_5}+a)-H_A$。

(3)高程测设：将水准尺紧贴 A 点木桩侧面，水准仪照准水准尺读数，上下移动调整水准尺，当水平中丝读数等于 $b_{应}$ 时，沿着尺底在木桩上画线，即为测设高程为 H_A 的位置。

(4)检查：将水准尺底面置于设计高程位置，进行普通水准测量，计算出 A 点高程，与设计高程相比较，如果误差在±5mm 以内，符合要求。

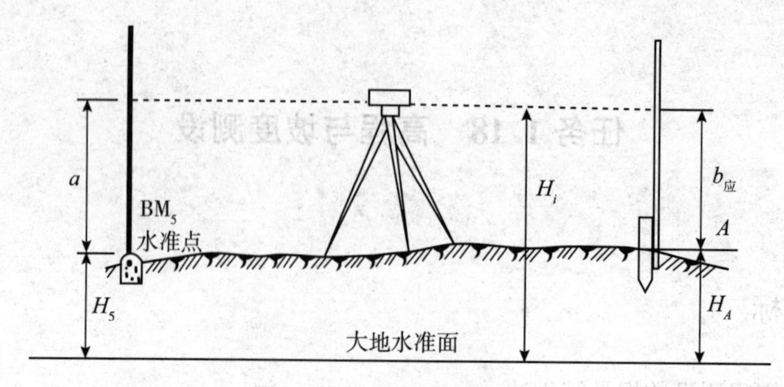

图 1.18.1 已知高程的测设

(二)坡度线测设

1. 水平视线法

如图1.18.2所示，A、B为设计坡度线的两端点，A点设计高程为H_A。为了施工方便，每隔一定距离d打入一木桩(坡度桩)，要求在木桩上标出设计坡度为i的坡度线，测设步骤为：

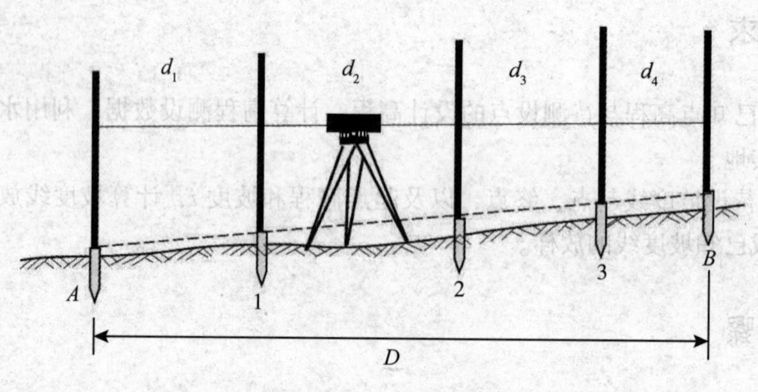

图 1.18.2 水平视线法

(1)沿AB方向，按规定间距d标定出中间1、2、3各点。

(2)计算各桩点设计高程：

$$H_{设}=H_{始}+i\cdot D$$

式中：$H_{设}$——测设点的设计高程；

$H_{始}$——坡度线的起始点高程；

i——设计的坡度；

D——测设点至起始点的水平距离。

(3)将水准仪安置在A、B两点中间的适当位置，后视已知高程点A，读取后视读数为a，则视线高为$H_i=H_A+a$，根据视线高计算各桩的前视应有读数，计算公式为：

$$b_{应}=H_i-H_{设}$$

(4)在各桩点处竖立水准尺，上下移动水准尺，当读取的前视读数等于应有的前视读数时，水准尺尺底对应位置即为该点设计高程标志线。

(5)检核：重新安置仪器在 A、B 中间适当位置，后视另一已知高程点，读取后视读数，计算视线高 H_i，分别计算应有读数，在各点上竖立水准尺，读取水准尺读数，计算其与应有读数误差，当误差超限时根据应有读数进行调整。

2. 倾斜视线法

如图 1.18.3 所示，坡度线测设步骤为：

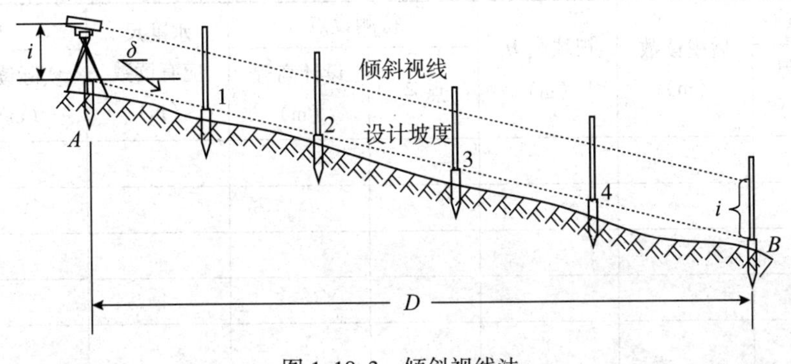

图 1.18.3　倾斜视线法

(1)根据给定已知点 A 的高程 H_A，设计坡度 i，计算坡度终点 B 的高程；用钢卷尺量出 AB 之间的水平距离 D_{AB}，根据公式 $H_B=H_A+i\cdot D_{AB}$，计算 B 点的设计高程。

(2)先根据附近已知高程点，将设计坡度线两端 A、B 的设计高程 H_A、H_B 测设于实地，并打入木桩。

(3)将水准仪安置在 A 点，并量取仪器高 i(A 点设计高程到仪器中心的铅垂距离)，安置时使一个脚螺旋在 AB 方向上，另两个脚螺旋的连线大致垂直于 AB 方向线。

(4)照准 B 点上的水准尺，旋转 AB 方向上的脚螺旋，使视线在 B 尺上的读数等于仪器高 i，此时水准仪的倾斜视线与设计坡度线平行，如图 1.18.3 所示。

(5)在 A、B 之间按一定的间距打坡桩，当各桩点 1、2、3 上的水准尺读数等于仪器高 i 时，停止打桩或在尺底画线，各桩顶的边线或各画线的边线即为所要测设的坡度线。

(6)检测：重新安置水准仪，量水准仪高度 i，依次照准 B、3、2、1 点桩顶水准尺并读数，根据仪器高与读数之差计算误差，当误差超限时，根据仪器高进行调整。

当坡度较大时，使用经纬仪进行测设，用经纬仪测设，无须通过旋转脚螺旋调整视线高度，而是直接旋转望远镜即可。其他方面与上述方法基本相同。

五、注意事项

(1)读数与计算时，要认真细致，相互校核，避免出错。

(2)当受到木桩长度的限制，无法标出测设的位置时，可定出与测设位置相差一定值的位置线，在线上标明差值。

(3)测设完毕要进行检测，高程测设限差在±5mm范围内，超限时应重测，并作好记录。

六、记录表格

将实训数据填入表1.18.1和表1.18.2中。

表1.18.1　　高程测设记录表

仪器__________　日期__________　观测者__________　记录者__________

已知高程点		后视读数(m)	视线高 H_i (m)	待测设点		水准尺应有读数(m)	检核	
点号	高程(m)			点号	设计高程(m)		实际读数(m)	误差(mm)

测设示意图：

表 1.18.2　**坡度线测设记录表(水平视线法)**

仪器＿＿＿＿＿＿　日期＿＿＿＿＿＿　观测者＿＿＿＿＿＿　记录者＿＿＿＿＿＿

已知高程点		后视读数（m）	视线高 H_i（m）	待测设点		水准尺应有读数（m）	检核	
点号	高程（m）			点号	设计高程（m）		实际读数（m）	误差（mm）

测设示意图：

项目2　技能训练

项目描述

理论教学、单项实训、技能训练、综合实训、专业技能实训是“工程测量技术”课程5个重要的教学环节。通过技能训练，检验所学的理论知识，提升测量数据的处理能力。

任务2.1　水准测量

(1)设 A 点为后视点，B 点为前视点。A 点的高程为80.332m，当后视读数为1.532m，前视读数为1.765m时，问：高差是多少？B 点比 A 点高还是比 A 点低？视线高程是多少？B 点高程是多少？(注：B 点高程采用两种不同的方法计算，并试绘图说明。)

(2)如图2.1.1所示，在水准点 BM_1 至 BM_2 间进行普通水准测量，试在表2.1.1普通水准测量观测手簿中进行记录与计算，并进行计算校核(已知 $H_{BM_1}=138.952m$，$H_{BM_2}=142.110m$)。

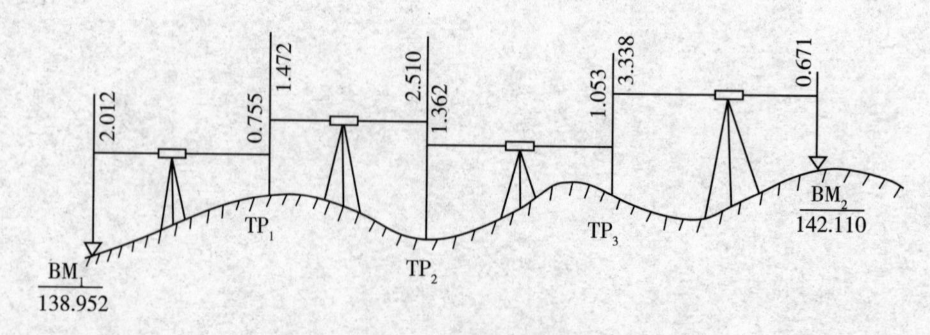

图2.1.1　普通水准测量

表 2.1.1　**普通水准测量观测手簿**

测站	测点	水准尺读数(m)		高差(m)		高程(m)	备注
		后视读数	前视读数	+	-		
	$\sum$						
	$\sum a - \sum b =$			$\sum h =$		$h_{AB} = H_B - H_A =$	

(3)完成四等水准测量外业观测计算，填入表 2.1.2 中。

表 2.1.2　**四等水准测量记录手簿**

测站编号	测点	后尺 上丝 / 下丝	前尺 上丝 / 下丝	方向及尺号	标尺读数 黑面(中丝)	标尺读数 红面(中丝)	K+黑-红	高差中数	备注
		后距 / 视距差 d	前距 / $\sum d$						
1	BM_A	0.940	2.770	后 6	0.820	5.509			
		0.740	2.585	前 7	2.677	7.465			
				后-前					
	TP_1								
2	TP_1	1.068	1.079	后	0.880	5.667			
		0.689	0.688	前	0.885	5.572			
				后-前					
	TP_2								
3	TP_2	2.571	2.566	后	2.082	6.769			
		1.593	1.596	前	2.081	6.867			
				后-前					
	TP_3								
4	TP_3	2.010	1.523	后	1.706	6.494			
		1.400	0.900	前	1.210	5.896			
				后-前					
	BM_B								

四等水准测量测站上的观测顺序为：(　　)。各项限差为：视距差≤(　　)；视距累积差≤(　　)；黑红面读数差≤(　　)；黑红面高差之差≤(　　)。

(4)完成四等水准测量附合路线成果计算，填入表 2.1.3 中。

表 2.1.3　　**附合水准路线测量成果计算表**

点号	路线长 L（km）	实测高差 h_i（m）	高差改正数 v_{h_i}（m）	改正后高差 $\hat{h}_i$（m）	高程 H（m）	备注
BM_A					67.937	已知
	1.5	+4.362				
1						
	0.6	+2.413				
2						
	0.8	−3.121				
3						
	1.0	+1.263				
4						
	1.2	+2.716				
5						
	1.6	−3.715				
BM_B					71.819	已知
$\sum$						
辅助计算	$f_h = \sum h_{测} - (H_B - H_A) =$　　$f_{h容} = \pm 20\sqrt{L} =$					

(5)如图 2.1.2 所示为一条普通闭合水准路线，已知水准点 BM_A 的高程为 123.500m，1、2、3 点为待定高程点，水准测量观测的各段高差及路线长度标注在图中，完成水准路线计算，填入表 2.1.4 中。

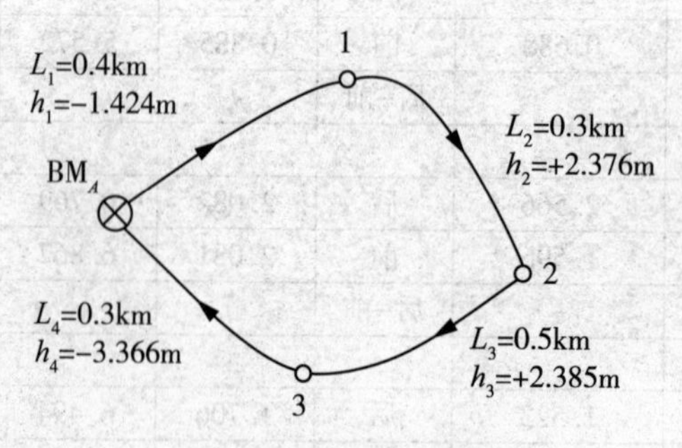

图 2.1.2　普通闭合水准路线

表2.1.4　**闭合水准路线测量成果计算表**

点号	路线长 L（km）	实测高差 h_i（m）	高差改正数 v_{h_i}（m）	改正后高差 $\hat{h}_i$（m）	高程 H（m）	备注
BM_A					123.500	已知点
1						
2						
3						
BM_A						
$\sum$						
辅助计算	$f_h = \sum h_{测} =$		$f_{h容} = \pm 40\sqrt{L} =$			

(6)A 点到 B 点为一条四等支水准路线，已知水准点 A 的高程为62.305m，由 A 点往测到 B 点的高差为-1.456m，由 B 点返测到 A 点的高差为+1.478m，A、B 两点的水准路线长度为1.6km，计算高差闭合差、高差闭合差允许值以及 B 点高程。

任务2.2 角度测量

(1)完成表2.2.1测回法观测成果的计算，并完成填空。

表2.2.1 **测回法观测手簿**

测站测回	目标	竖盘位置	水平度盘读数(° ′ ″)	半测回角值(° ′ ″)	一测回角值(° ′ ″)	各测回平均角值(° ′ ″)	备注
O(1)	*A*	左	0 02 18				
	B		78 40 42				
	B	右	258 41 06				
	A		180 02 30				
O(2)	*A*	左	90 03 12				
	B		168 41 42				
	B	右	348 42 06				
	A		270 03 24				

测回法一测回的观测顺序为：(　　　　)；各项限差为：半测回限差≤(　　　　)，测回差≤(　　　　)。

(2)完成表2.2.2天顶距观测的计算，并完成填空。

表2.2.2 **天顶距观测手簿**

测站测回	目标	竖盘位置	竖盘读数(° ′ ″)	指标差(″)	天顶距(° ′ ″)	备注
O(1)	*A*	左	79 20 24			
		右	280 40 00			
	B	左	98 32 18			
		右	261 27 54			
	C	左	90 32 42			
		右	269 27 00			
	D	左	84 56 24			
		右	275 03 30			
O(2)	*A*	左	79 20 18			
		右	280 40 06			
	B	左	98 32 24			
		右	261 27 48			
	C	左	90 32 30			
		右	269 28 00			
	D	左	84 56 30			
		右	275 03 30			

天顶距观测的各项限差为：对于 DJ6 经纬仪，指标差的变动范围应不超过(　　　)；各个测回同一方向的天顶距较差不应超过(　　　)。

任务2.3 距离测量

(1)完成表2.3.1视距测量的计算，并完成填空。

表2.3.1 **视距测量观测手簿**

测站名称 *O* 测站高程 62.562m 仪器高 1.52m

测点	读数		视距 Kl (m)	中丝	竖盘读数 (° ′ ″)	水平距离 (m)	高差 (m)	高程 (m)
	上丝	下丝						
1	1.865	1.175		1.520	87 35 24			
2	1.753	1.287		1.520	93 35 30			
3	2.485	1.678		2.082	92 45 36			
4	1.564	1.173		1.368	88 26 06			
5	1.678	0.834		1.256	90 00 00			
6	1.497	0.933		1.215	90 00 00			
7	1.632	1.000		1.316	94 12 12			
8	2.458	2.000		2.229	82 42 24			

(2)试整理表2.3.2中的观测数据，并计算 *AB* 间的水平距离以及往返测相对误差。已知钢尺长为30m，尺长方程式为：$l_t = 30 + 0.005 + 1.25 \times 10^{-5} \times 30 \times (t - 20)$。

表2.3.2 **精密钢尺丈量计算表**

直线	尺段	距离 d'_i (m)	温度 (℃)	尺长改正 Δd_l (m)	温度改正 Δd_t (m)	高差 h (m)	倾斜改正 Δd_h (m)	水平距离 d_i (m)
A	*A*—1	29.391	10			+0.860		
	1—2	23.390	11			+1.280		
	2—3	27.682	11			−0.140		
	3—4	28.538	12			−1.030		
	4—*B*	17.899	13			−0.940		
B							$\sum$ 往	

续表

直线	尺段	距离 d'_i（m）	温度（℃）	尺长改正 Δd_l（m）	温度改正 Δd_t（m）	高差 h（m）	倾斜改正 Δd_h（m）	水平距离 d_i（m）
B	*B*—1	25.300	13			+0.860		
	1—2	23.922	13			+1.140		
	2—3	25.070	11			+0.130		
	3—4	28.581	10			−1.100		
	4—*A*	24.050	10			−1.180		
A							∑ 返	

AB 间的水平距离为：

往返测相对误差为：

任务2.4　控 制 测 量

(1)已知直线 AB 的方位角为 160°12′45″，按图 2.4.1 中所标注的数据(所有角皆为左角观测角)，分别计算直线 BC、CD、DE、EF 的方位角。

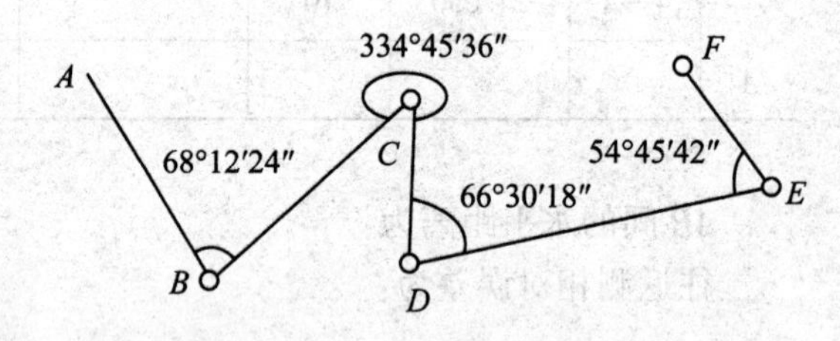

图 2.4.1　方位角推算

(2)如图 2.4.2 所示，已知 1—2 边的坐标方位角为 65°，2 点的右角观测角为 150°，3 点的左角观测角为 165°，计算 2—3 边的正方位角及 3—4 边的反方位角。

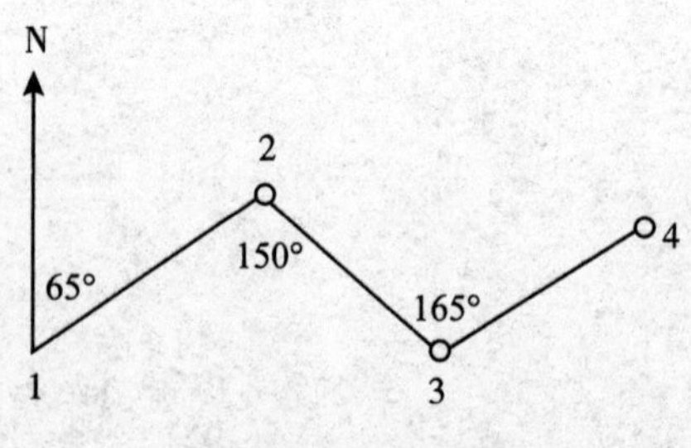

图 2.4.2　方位角推算

(3)坐标正算。已知 A 点坐标为 $x_A=623.45\text{m}$，$y_A=468.68\text{m}$，AB 两点间的水平距离为 $D_{AB}=230.63\text{m}$，直线 AB 的方位角分别为：①48°12′40″；②148°12′40″；③248°12′40″；④348°12′40″，分别计算 B 点坐标。

(4)坐标反算。已知 A 点坐标为 $x_A=2445.321\text{m}$，$y_A=2086.467\text{m}$，B 点坐标为 $x_B=2779.654\text{m}$，$y_B=1738.742\text{m}$，计算直线 AB 和直线 BA 的水平距离和方位角(距离取位至毫米，方位角取位至秒)。

(5)表 2.4.1 中为图根附合导线数据，计算角度闭合差、改正数、改正后角值，推算各边方位角。

表 2.4.1　　　　**附合导线计算表**

点号	改正数(″) 左角观测角 (°　′　″)	坐标 x	坐标 y	改正后 角值 (°　′　″)	坐标方位角 (°　′　″)
A		2005.10	7701.45		
B	323　30　40	2100.74	7575.30		
1	197　56　36				
2	139　21　00				
C	35　57　16	2102.94	8087.99		
D		2153.44	7884.63		
Σ					
辅助计算					

(6)附合导线坐标计算。

如图 2.4.3 所示为图根附合导线，已知起始边的方位角 $\alpha_{AB}=52°10'02''$，终边的方位角 $\alpha_{CD}=291°01'33''$，*B*、*C* 两点的坐标分别为($x_B=864.22$m，$y_B=413.35$m)，($x_C=970.21$m，$y_C=986.42$m)。$D_{B1}=297.26$m，$D_{12}=187.81$m，$D_{23}=93.40$m，$D_{3C}=150.64$m。外业观测的边长和角度数据如图 2.4.3 所示，在表 2.4.2 中完成附合导线的计算。

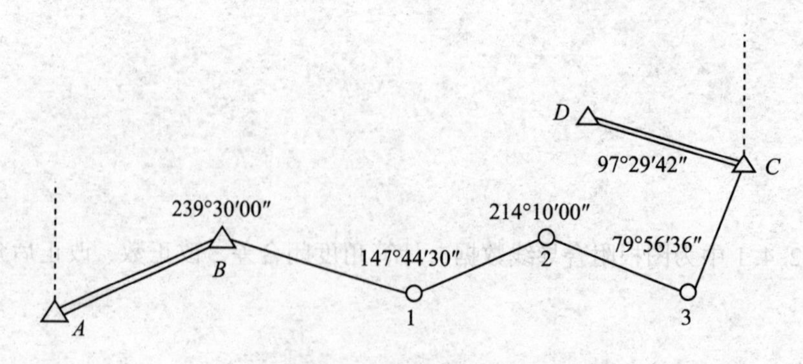

图 2.4.3　图根附合导线

表2.4.2　**附合导线计算表**

点名	改正数(″) 观测角值 (°　′　″)	改正后 角值 (°　′　″)	方位角 (°　′　″)	边长 (m)	改正数(mm) 增量计算值 (m)		改正后的坐标增量值(m)		坐标 (m)	
					Δx_i	Δy_i	$\Delta x_{i改}$	$\Delta y_{i改}$	x	y
Σ										
辅助计算										

(7)闭合导线计算。

如图2.4.4所示为图根闭合导线，已知12边方位角 α_{12}=(学号最后两位×3)°00′00″，1点坐标为(x_1=666.60m，y_1=1888.80m)，外业观测边长和角度如图2.4.4所示，完成表2.4.3闭合导线计算。

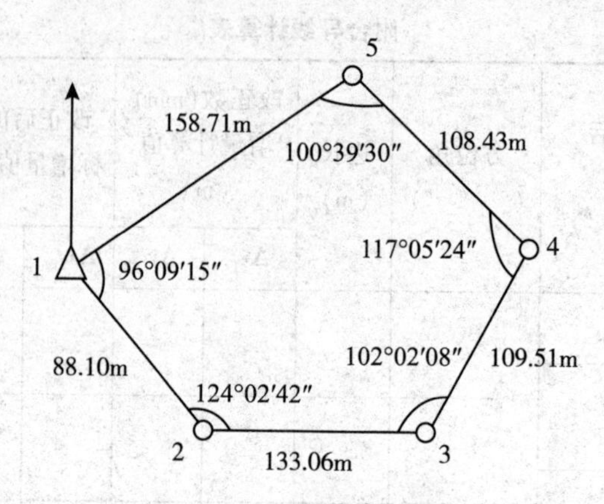

图 2.4.4　图根闭合导线

表 2.4.3　**闭合导线计算表**

点名	改正数(″) 观测角值 (° ′ ″)	改正后 角值 (° ′ ″)	方位角 (° ′ ″)	边长 (m)	改正数(mm) 增量计算值 (m)		改正后的坐 标增量值(m)		坐标 (m)	
					Δx_i	Δy_i	$\Delta x_{i改}$	$\Delta y_{i改}$	x	y
$\sum$										
辅助计算										

(8)支导线计算。完成支导线计算表 2.4.4。

表 2.4.4　　支导线计算表

点名	左角观测角 (° ′ ″)	方位角 (° ′ ″)	边长 (m)	坐标增量(m)		坐标(m)	
				Δx	Δy	x	y
A						643.580	870.042
B	63 30 12					482.256	1044.321
			87.328				
T_1	137 20 42						
			76.399				
T_2	220 40 06						
			80.325				
T_3							
辅助计算							

附注：学生计算器的使用

1. 坐标正算(极坐标转换成直角坐标)

在角度计算状态下(屏幕显示 D)，按第二功能键“Pol”键，屏幕显示“Rec(；”，输入水平距离、逗号、方位角、右括号键；按等号键，屏幕显示的就是 Δx，并自动存储在上档键为红色字体的 E 键中；Δy 自动存储在上档键为红色字体的 F 键中，按提取键“RCL”、上档键为红色字体的 F 键，屏幕显示的就是 Δy。

2. 坐标反算(直角坐标转换成极坐标)

在角度计算状态下(屏幕显示 D)，按“Pol”键，屏幕显示“Pol(；”，输入 Δx、逗号、Δy、右括号键；按等号键，屏幕显示的就是水平距离，并自动存储在上档键为红色字体的 E 键中；方位角自动存储在上档键为红色字体的 F 键中，按提取键“RCL”、上档键为红色字体的 F 键，屏幕显示有两种情况：其一，屏幕显示的值为正，其值就是方位角，如为十进制形式，再按“°′″”键将其转换成六十进制；其二，屏幕显示的值为负，将其加上 360°就是方位角，如为十进制形式，再将其转换成六十进制。

任务2.5 大比例尺地形图测绘

(1)完成表2.5.1经纬仪测绘法的计算。

表2.5.1 **经纬仪测绘法记录手簿**

日期________ 小组________ 仪器型号________

测站点 *A* 后视点 *B* 后视方位角 60°30′30″ 仪器高 1.48m

测站点纵坐标 600.00 测站点横坐标 800.00 测站点高程 62.28m

测点	上丝	下丝	视距	中丝	水平度盘读数（° ′ ″）	竖盘读数（° ′ ″）	水平距离（m）	高差（m）	坐标增量		坐标		高程（m）
									Δ*x*	Δ*y*	*x*	*y*	
1	1.383	1.021		1.201	30 25 12	86 42 24							
2	1.592	1.164		1.378	78 43 36	93 20 30							
3	1.446	0.834		1.140	135 22 30	87 20 12							
4	1.952	1.122		1.537	168 26 06	92 12 06							
5	1.764	1.255		1.509	195 16 18	93 5418							
6	1.843	1.145		1.494	264 45 24	89 4336							
7	1.643	1.135		1.389	294 34 30	86 4542							
8	1.834	1.234		1.534	334 53 54	88 3448							

(2)勾绘等高线。根据图2.5.1中的高程点，勾绘等高线，基本等高距为1m。

(3)在图2.5.2中，完成下列工作：

①在地形图上绘出山顶(△)，鞍部的最低点(×)，山脊线(—·—·—)，山谷线(……)。

②确定*A*点、*B*点、*C*点的高程。

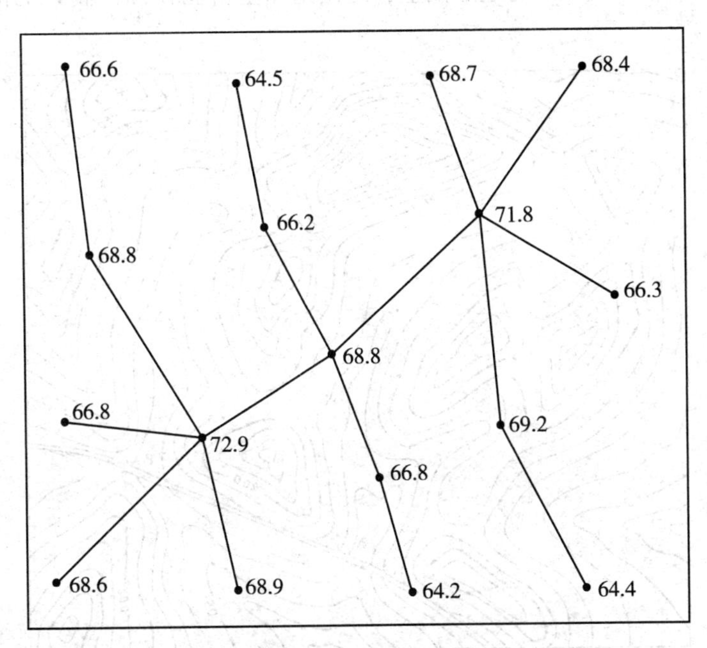

图 2.5.1　等高线勾绘

③确定 C 点到 B 点的平均坡度。

④从 A 点到 B 点选一条坡度不大于 3%的最短路线。

⑤绘出直线 AB 的断面图，水平距离比例尺为 1∶1000，高程比例尺为 1∶100。

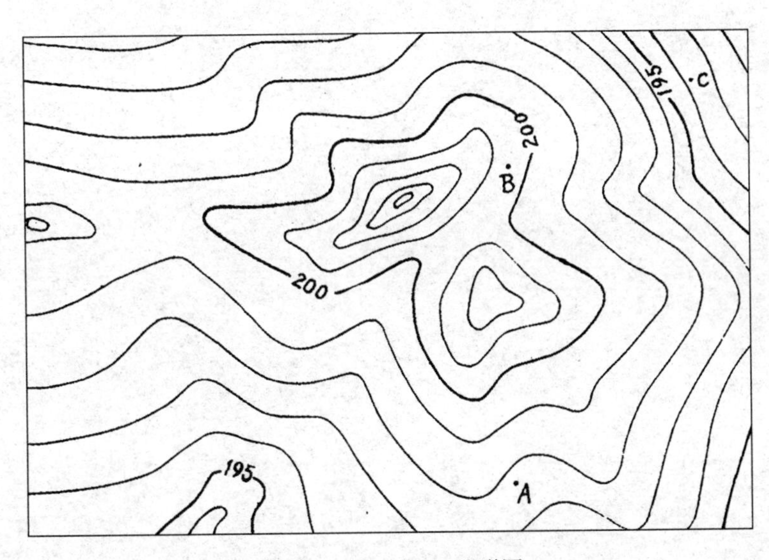

图 2.5.2　1∶2000 地形图

(4)在图 2. 5. 3 1 : 10000 的地形图上，绘出道路上桥涵 *A* 和桥涵 *B* 的汇水范围。

图 2. 5. 3　1 : 10000 地形图

任务2.6　施工测设

(1)在坡度一致的倾斜地面上要测设水平距离为126.000m的直线，所用钢尺的尺长方程式为$l_t = 30 - 0.006 + 0.0000125 \times 30(t-20)$ m，预先测定线段两端的高差为+2.326m，测设时的温度为25℃，试计算用这把钢尺在实地沿倾斜地面应量的长度。

(2)建筑场地上水准点A的高程为63.928m，欲在待建房屋附近的线杆上测设出高程为64.000m的±0.000的标高位置，如果水准仪照准竖立在水准点A的读数为1.432m，试说明测设方法。

(3)如图2.6.1所示，已知控制点A的坐标为(1122.12，1248.56)，B的坐标为(1233.34，1325.89)，需要测设点P的坐标为(1098.00，1465.00)，计算按极坐标法在A点测设P点所需的测设数据以及在B点测设P点所需的测设数据。

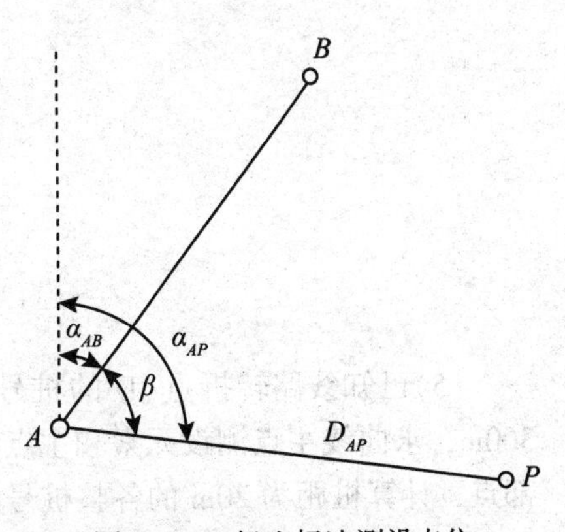

图2.6.1　极坐标法测设点位

(4)如图 2.6.2 所示，已知线路转折点 JD_2的桩号为 4+328.45，转角 $\alpha=41°03'$，设计圆曲线半径 $R=150m$，计算圆曲线主点测设元素和主点桩号。若两个交点 JD_1、JD_2的坐标分别为(2926.821，2034.091)、(2971.128，2122.784)，试计算各主点坐标，填入表 2.6.1 中。

表 2.6.1　　　　**圆曲线主点坐标计算表**

主点	交点至各主点的方位角	交点至各主点的距离(m)	坐标	
			x(m)	y(m)
ZY		$T=$		
QZ		$E=$		
YZ		$T=$		

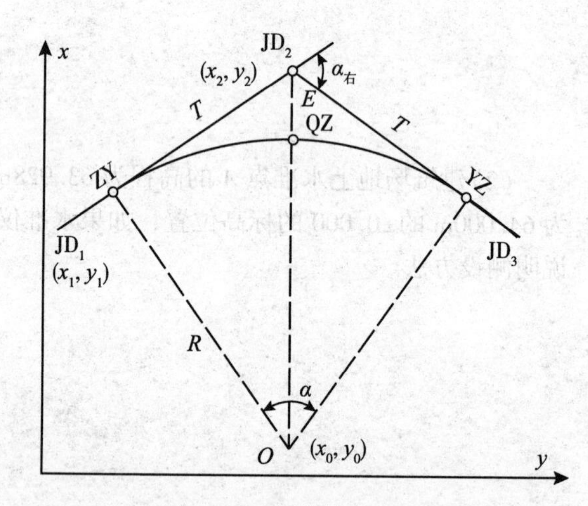

图 2.6.2　圆曲线主点坐标

(5)已知线路转折点 JD 的桩号为 2+472.38，转角 $\alpha=28°34'$，设计圆曲线半径 $R=300m$，求曲线主点测设元素和主点桩号。若在 ZY 点安置经纬仪，用偏角法测设圆曲线细部点，计算桩距为 20m 的各整桩号的偏角值和弦长，完成表 2.6.2。

表 2.6.2　　　　　　　　　　　　**各桩号偏角计算表**

桩号	桩点到 ZY 点的弧长 l_i(m)	偏角值	相邻桩点间弧长(m)	相邻桩点间弦长(m)

(6)已知线路转折点 JD 的桩号为 3+182.76，转角 $\alpha=25°48'10''$，设计圆曲线半径 $R=300$m，曲线主点测设元素和主点桩号。已知 ZY 点坐标($x=5022.862$，$y=3367.244$)，YZ 点坐标($x=5028.015$，$y=3501.109$)，JD 点坐标($x=5040.770$，$y=3433.586$)，用全站仪测设，计算 ZY 点到 YZ 点各细部点的坐标，完成表 2.6.3。

表 2.6.3　　　　　　　　　　　　**圆曲线细部桩点坐标表**

桩号	圆心与各细部点的方位角	坐标	
		x(m)	y(m)

任务2.7 线路工程测量

根据表2.7.1和表2.7.2中的数据，按高程比例尺为1：50、距离比例尺为1：500，绘制桩号0+000和0+050处的横断面图。

表2.7.1 横断面测量记录手簿

桩号：0+000 桩顶高程：

点名	水平距离(m)	地面高程(m)	点名	水平距离(m)	地面高程(m)	备注
左1	3.2	63.2	右1	0.7	63.3	
左2	15.4	61.6	右2	14.8	61.7	
左3	25.0	61.1	右3	25.0	61.2	

表2.7.2 横断面测量记录手簿

桩号：0+050 桩顶高程：

点名	水平距离(m)	地面高程(m)	点名	水平距离(m)	地面高程(m)	备注
左1	2.4	62.7	右1	1.6	62.8	
左2	14.9	61.1	右2	15.0	61.2	
左3	25.0	60.7	右3	25.0	60.8	

项目3 综合实训

项目描述

理论教学、单项实训、技能训练、综合实训、专业技能实训是“工程测量技术”课程5个重要的教学环节。通过综合实训，培养学生综合运用基础理论、基本操作技能进行大比例尺地形图测绘的能力，提高其测绘专业能力，为从事测绘工作奠定基础。

综合实训具体要求如下：

(1)实训前必须阅读《工程测量技术》的有关内容，以及《工程测量技术实训》相应项目的任务书与指导书；实训时，必须携带《工程测量技术实训》，以便随时翻阅、参考；实训后，认真编写实训技术总结或实训报告。

(2)实训分小组进行，组长负责办理所用仪器和工具的借领与归还手续，并负责仪器的保管与维护；借用仪器时，按实训项目的仪器工具清单当场清点，检查实物与清单是否相符，器件是否完好、齐全，对仪器工具进行一般检视，无问题后将仪器领出。

(3)必须遵守实训室测量仪器工具的借用规定，按时借还仪器；实训过程中，时刻注意保护好仪器工具，严禁坐仪器箱、图板套等，严禁踩踏水准尺、图板等工具，养成规范使用仪器工具和爱护仪器工具的良好工作习惯；仪器工具出现问题时应及时与指导教师或实训室教师联系，严禁擅自拆卸仪器，应听从教师的指导；对于仪器工具因使用不当造成损坏或丢失的，应照价赔偿。实训要求认真、按时、独立地完成任务。

(4)实训应在指定的场地、按规定的路线和区域进行，不得擅自改变；实训应在规定的时间内进行，不得无故缺席或迟到、早退，保证按时完成实训任务。

(5)实训过程中的观测应按规范或实训任务书的要求进行，保证观测的规范性与正确性；记录采用2H或3H铅笔，用正楷书写文字及数字，字迹要工整清晰，记录位置要准确规范，记录项目要齐全，并养成复述的良好习惯，防止出现错误。

(6)记录过程中，记录数字中若发现度、分、米、分米位有错误，不得涂改，也不得用橡皮擦拭，而应该用细横线划去错误数字，在原数字上方写出正确数字；秒及厘米、毫米部分有错，不得更改，须将整个读数划掉重测；整个记录手簿中，不得出现连环涂改现象。

(7)若一测回或整站观测成果不合格(观测误差超限)，则用细斜线划去该栏记录数字，并在备注栏内说明原因，然后重测。

(8)观测结果应在现场及时进行计算，并进行必要的成果检验，以决定观测成果是否合格，是否需要重测。

(9)实训外业结束后，应及时归还仪器工具。仪器工具如有遗失或损坏，应写出书面报告说明情况，进行登记，并按有关规定赔偿。

(10)实训结束后，应及时提交有关成果。

任务 3.1　大比例尺地形图测绘——白纸测图

一、实训目的

综合实训是“工程测量技术”课程教学的重要组成部分。通过实训，使学生掌握从地形控制测量到大比例尺地形绘图生产作业的全过程，使理论知识得到巩固和加强，并将理论知识和实际联系起来，将所学知识变成技巧、变成能力；通过实训，还可以加强学生的仪器操作技能，提高学生的动手能力，训练严谨的科学态度，培养学生运用知识发现问题、分析问题、解决问题的能力，为从事大比例尺地形图测绘工作打下坚实的基础。

二、实训要求

(1)熟悉水准仪、经纬仪的使用方法，掌握其检验方法；学会全站仪的基本使用。

(2)掌握水准测量、经纬仪导线测量的内外业工作。

(3)掌握地形平面控制测量的内外业工作，掌握地形高程控制测量的内外业工作，掌握控制点加密的内外业工作。

(4)掌握大比例尺地形图测绘工作的内外业工作，掌握地形和等高线的精度分析方法。

(5)培养学生具有热爱专业，关心集体，爱护仪器、工具，认真执行测量规范的良好职业道德；团结协作、艰苦奋斗的精神；认真负责、一丝不苟的工作态度；精益求精的工作作风；严谨的科学态度；遵守纪律，保护群众利益的社会公德。

三、实训仪器和工具

实训各环节所需设备和工具如下：

(1)高程控制：DS3 水准仪、三脚架、水准尺、尺垫等；

(2)平面控制：全站仪、棱镜、DJ6 经纬仪、三脚架、测钎、钢尺等；

(3)碎部测量：图板、聚酯薄膜绘图纸、坐标展点器或量角器、DJ6 经纬仪、三脚架、测钎等；

(4)记录计算：水准测量记录本、测回法记录本、碎部测量记录本、2H 铅笔等；

(5)其他：《地形图图式》、实训报告纸等。

四、实训组织方式

实训按小组进行，每组5~6人，选组长1人，负责组内实训分工和仪器管理。组员在组长的统一安排下，分工协作，搞好实训。分配任务时，应使每项工作均由组员轮流担任，不要单纯追求进度。

五、实训内容

(一)实训前的准备工作

实训动员，准备实训资料，领取仪器工具、记录手簿和计算表格。

(二)水准仪、经纬仪的检验

(1)水准仪的检验；
(2)经纬仪的检验。

(三)地形控制网的布设

选点前应收集测区原有地形图和控制点等资料，根据测区范围、已知点分布和地形情况等拟定导线布设的初步方案，然后到实地确定导线点位置。

(四)选点

按照实际生产情况，图根平面控制通常选择闭合导线。选点时应该注意以下几点：
(1)点位视野开阔，便于进行碎部测量；土质坚实，便于安置仪器和保存标志。
(2)相邻点间通视良好，地势平坦，方便测角和量距。
(3)相邻导线边应大致相等，以免测角时因望远镜调焦幅度过大引起测角误差。
(4)导线点的数量应满足密度要求，分布较均匀，便于控制整个测区，如表3.1.1所示。
(5)导线平均边长、导线总长应符合有关技术要求，如表3.1.1所示。

表3.1.1 **图根导线边长及密度要求**

测图比例尺	平均边长(m)	边长总和(m)	每平方千米图根点数(个)	每幅图图根点数(个)
1∶500	75	900	150	8~10
1∶1000	110	1800	50	12~14

若导线点为临时点，则只需在点位上打一个木桩，桩顶面钉上一个小钉，小钉的几何中心即为点位；若点位在水泥路面，则在点位上钉一个水泥钉即可；需长期保存的点，应埋设混凝土标石，标石中心钢筋顶面应有十字线，十字交点即点位。

选点后，对所选点位统一编号并绘制点位略图。

(五)图根平面控制测量

1. 磁方位角或连接角测量

独立测区可采用磁方位角定向，采用罗盘仪测定导线起始边的磁方位角；如果测区附近有已知边，导线起始边与已知边采用支导线的形式连接，连接角采用测回法观测两个测回；也可假定导线起始边的方位角。

2. 转折角观测

采用测回法观测两个测回，沿逆时针方向观测导线前进方向的左角。

1)测回法观测步骤

(1)测站点安置仪器，对中整平，目标点上竖立觇标，如测钎。

(2)盘左照准左侧目标，配盘，使水平度盘读数稍大于 0°00′，弹出水平度盘变换手轮，精确照准目标，读取起始读数并记入手簿；松开制动螺旋，顺时针转动照准部，照准右侧目标，读数并记入手簿，称为上半测回。

(3)倒转望远镜，盘右照准右侧目标，读数并记入手簿；松开制动螺旋，逆时针转动照准部，照准左侧目标，读数并记入手簿，称为下半测回。

(4)进行第一测回计算，半测回差满足要求。

(5)第一测回完成后，检查水准管气泡是否偏离；若气泡偏离值大于 1 分划格，需重新整平仪器再进行第二测回观测。第二测回开始前，水平度盘读数设置稍大于 90°00′，再重复第一测回的各步骤。半测回差、测回法满足要求。

2)测回法限差要求

半测回差≤±36″，测回差≤±24″，对中限差≤3mm，整平限差应保证水准管气泡不偏离 1 分划格。

3)注意事项

(1)DJ6 经纬仪读数秒数应为 6 的倍数，分和秒必须记录两位数，如 6″记录为 06″。

(2)一测回只能在上半测回开始之前配盘一次，配置好读数后务必弹出水平度盘变换手轮。

(3)对中整平要到位，观测过程中出现气泡偏离 1 分划格以上，应重新整平，重新观测；气泡偏离 1 分划格以内，可不重新整平，若重新整平，必须在两个测回之间进行。

(4)观测过程中一定要用十字丝交点照准测钎尖部，并且每次尽量照准目标同一位置。

3. 边长测量

边长测量采用钢尺丈量的方法，也可用全站仪测量。

钢尺丈量可以采用单程两次丈量或往返丈量，相对误差≤1/2000。单程两次丈量时，不同的起始数据丈量两次，两次观测值互差≤3mm。

采用全站仪测量，导线的边长双向观测，每个单向施测一测回，即盘左盘右分别进行观测，直接测记水平距离，读数较差和往返测较差均不宜超过 20mm。

4. 图根导线内业数据处理

按导线计算方法计算每个导线点的坐标。

图根导线角度闭合差限差：$f_{\beta允} = \pm 60'' \sqrt{n}$（$n$ 为闭合导线内角个数）。

图根导线全长相对闭合差限差：$K \leqslant 1/2000$。

（六）图根高程控制测量

1. 高程控制网布设

按照测区实际情况选择高程控制网形式，通常选择单一水准路线，并且使水准点和导线点公用。高程控制测量通常采用四等水准测量方法施测。

2. 四等水准测量观测

1）测站观测顺序

测站观测顺序应采用“后—后—前—前”（“黑—红—红—黑”）的顺序。

2）四等水准测量测站技术要求

（1）最低视线（下丝）高度保证三丝能读数，视线长度≤100m。

（2）前、后视距差不得超过±3m，视距累积差不得超过±10m。

（3）同一把水准尺黑红面读数差（即 K+黑-红）不得超过±3mm。

（4）同一测站黑红面高差之差不得超过±5mm。

3）水准路线技术要求

水准路线技术要求如表 3.1.2 所示。

表 3.1.2 **水准路线技术要求**

等级	每千米高差中误差（mm）	路线长度（m）	水准仪型号	水准尺	观测次数		往返较差、附合或环线闭合差	
					与已知点联测	附合或环线	平地（mm）	山地（mm）
四等	10	≤16	DS3	双面	往返各一次	往一次	$\pm 20\sqrt{L}$	$\pm 6\sqrt{n}$
等外	15	—	DS3	双面	往返各一次	往一次	$\pm 40\sqrt{L}$	$\pm 12\sqrt{n}$

4）四等水准测量注意事项

（1）读数时应按观测顺序读取，记录员要复述，以避免读记错误。

（2）记录计算程序要清晰，区分清前、后尺尺常数。

（3）各站各项限差均符合要求后方可搬站，否则应重测。

（4）仪器未搬站时，后视尺不得移动；仪器搬站时，前视尺不得移动。

（5）记录要做到美观大方，字体规范，字迹清晰，严禁用橡皮擦拭，不得连环涂改。

（6）水准记录每个读数的前两位如有错记现象，则可用斜线划掉，在其上方填写正确数字，每个读数的后两位决不允许改动，否则被认为是篡改或伪造数据。

（7）记录字体的大小应为格宽的 2/3，字体应为正楷体，应用 2H 铅笔填写。

5）四等水准路线计算

按水准路线计算方法，计算出所有水准点的高程。

（七）控制点加密

地形测图时，应充分利用图根控制点设站测绘碎部点，若因视距限制或通视影响，在图根点上不能完全测出周围的地物和地貌时，可以采用测边交会、测角交会等方法增设测站点，也可以采用经纬仪支距法增设测站点，这种方法简便易行，操作步骤为：

(1)将经纬仪安置在某一个控制点上，对中、整平、定向。

(2)测出已知方向与所选加密控制点方向之间的水平角 β 或照准方向的方位角，用视距法测出测站点与所选点位间的水平距离和高差，计算出加密控制点的坐标和高程。

(3)将此点作为图根点使用。

(八)碎部测量

1. 展绘控制点

(1)在毫米方格纸上按比例尺展绘出各控制点。

(2)划分图幅，确定出各图幅的西南角坐标。

(3)按《地形图图式》的要求将控制点展绘在聚酯薄膜绘图纸上。各控制点展绘好后，可用比例尺或坐标展点器在图上量取各相邻控制点之间的距离，和已知的边长相比较，其最大误差在图纸上不得超过 0.3mm，否则应重新展绘。

2. 碎部测量

(1)安置仪器。测站点上安置仪器，对中整平，量取仪器高 i(精确至厘米)，定向点竖立觇标。

(2)安置图板。图板安置在测站点附近，视不同的展点方法做好准备工作。

(3)经纬仪定向。视不同的展点方法配置水平度盘读数为 0°00′00″或定向方向的方位角。

(4)碎部点测量。在待测地形点上竖立视距尺，经纬仪照准视距尺，采用视距测量的任何一种方法进行观测，并读取水平度盘读数。

(5)测站计算。视不同的展点方法，计算出水平距离、高差、高程以及平面坐标。

(6)展绘碎部点。视不同的展点方法，采用相应的展点工具展绘碎部点，并在点位右侧注记高程。

(7)地形图绘制。将地物点按地物形状连接起来，根据地貌点勾绘等高线。

3. 碎部测量注意事项

(1)仪器对中误差≤0.05mm 图上距离。

(2)在碎部测量过程中，每完成一测站后，应重新照准定向方向，检查经纬仪定向有无错误，定向误差不超过 4′。

(3)采用经纬仪测图时，碎部点的最大视距长度：1∶500 的测图不得超过 75m。

(4)测图中，立尺点的多少，应根据测区内地物、地貌的情况而定。原则上，要求以最少数量的、确实起着控制地形作用的特征点，来准确而精细地描绘出地物、地貌，因此，立尺点应选在地物轮廓的起点、终点、弯曲点、交叉点、转折点上及地貌的山顶、山脊、山谷、鞍部、倾斜变换和方向变换的地方。一般图上每隔 2~3cm 要有一个地形点，尽量布置均匀。

(5)碎部点高程对于山地注记至 0.1m，对于平地注记至 0.01m。等高距的大小应按地形情况和用图需要来确定。

(6)按要求测出测区内所有地物、地貌，并按《地形图图式》绘出。地形图上所有线划、符号和注记，均应在现场完成，做到边测、边算、边展、边绘。

4. 精度评定

选一些明显的地物、地貌点，再次测得它到控制点的距离及其高程，计算较差，算出点位中误差和高程中误差，判断精度是否符合要求。

$$m_{点} = \pm\sqrt{\frac{[\Delta D\Delta D]}{2n}}, \ m_{高} = \pm\sqrt{\frac{[\Delta H\Delta H]}{2n}}$$

(九)检查、整饰、拼接、验收

1. 检查

碎部测量完成之后，要进行检查工作，为保证成图精度，每个小组要进行室内和室外两部分检查。

1)室内检查内容

检查图根点的密度是否满足要求，外、内业数据是否正确，原图上地物和地貌是否清晰、易读，地物符号是否正确等。

2)室外检查内容

(1)仪器检查：直接用仪器测量若干个碎部点，与原图进行比较。

(2)巡视检查：携带图板与实际地形对照，主要检查地物、地貌有无遗漏，地物的注记是否正确等。

以上检查中发现的错误，应及时纠正，错误过多则须补测或者重测。

2. 整饰

整饰的一般顺序为：控制点、独立地物、次要地物、高程注记、等高线、植被、名称注记、外图廓注记等，要求达到真实、准确、清晰、美观。

3. 拼接

直接在聚酯薄膜上拼接。

4. 验收

验收工作由上一级有关人员(如教师)进行。

(十)技术总结

整理上交成果，写出技术总结或实训报告、个人小结，进行成绩考核。

六、成绩评定

实训成绩分为综合小组成绩和个人成绩、按优、良、中、及格、不及格五个等级评定。

(一)小组成绩的评定标准

(1)观测、记录、计算准确，图面整洁清晰，按时完成任务等。

(2)遵守纪律，爱护仪器，组内外团结协作等。

(3)组内能展开讨论，及时发现问题、研究问题并解决问题等。

(二)个人成绩的评定标准

(1)能熟练按操作规程进行外业操作和内业计算。
(2)记录做到整洁、美观、规范。
(3)计算正确，结果不超限。
(4)遵守纪律，爱护仪器，劳动态度好。
(5)出勤情况：缺勤一天不能得优，缺勤两天不能得良，缺勤三天不能得中，缺勤四天不及格。
(6)实训报告整洁清晰，项目齐全，成果正确。
(7)考试成绩：包括实际操作考试、理论计算考试。
(8)实训中发生吵架事件，损坏仪器、工具及其他公物，未交实训报告，伪造数据，丢失成果资料等，均作不及格处理。

七、实训报告(技术总结)

(一)实训基本情况

(1)封面：实训名称、班级、姓名、学号、指导教师。
(2)目录：写清楚本实训报告的主要内容及对应页码。
(3)前言：实训的目的、任务、要求及实训的基本情况。

(二)作业依据和设备

(1)包括作业技术依据及其执行情况，执行过程中技术性更改情况等。
(2)使用的仪器设备与工具的型号、规格与特性等。
(3)作业人员组成。

(三)坐标、高程系统

采用的坐标系统、高程系统，地形图的等高距等。

(四)图根控制测量

(1)图根控制网的等级、网形、密度、埋石情况、观测方法、技术参数等，记录方法，控制测量成果等。
(2)内业计算方法及各项限差等。
(3)实训过程中出现的主要技术问题和处理方法，特殊情况的处理及其达到的效果，经验教训、遗留问题、改进意见和建议等。

(五)地形图测绘

(1)测图方法，外业采集数据的内容、密度、记录的特征，数据处理、图形处理情况等。

(2)测图精度的统计、分析和评价，检查验收情况，存在的主要问题及处理方法等。

(六)实训体会

实训中遇到的问题及解决的方法，对本次实训的意义和建议，实训收获等。

(七)提交成果

(1)每个实训小组应提交下列成果：
①经过严格检查的各种观测手簿。
②整饰合格的地形图。
(2)每人应提交下列成果：
①控制网的选点略图。
②经纬仪导线计算成果。
③四等水准测量计算成果。
④控制点成果表。
⑤实训报告(技术总结、个人总结)。
⑥其他需要提交的成果。

任务 3.2　大比例尺地形图测绘——全站仪数字化测图

一、实训目的

全站仪数字化测图可以开阔学生的视野，拓宽学生的知识面，系统掌握地形图测绘方法，与生产实践过程对接。

二、实训要求

(1)熟练掌握全站仪的使用方法；
(2)掌握全站仪图根导线测量的观测方法和计算方法；
(3)掌握全站仪加密测站点的方法；
(4)掌握全站仪测图的基本方法和测图过程；
(5)掌握全站仪测图的基本要求和成图过程，掌握数字成图软件的使用。

三、实训组织方式

实训期间的组织工作由指导教师负责，每班应配备两名指导教师。实训按小组进行，每组5~6人，选组长一人，负责组内实训分工和仪器管理。组员在组长的统一安排下，分工协作，搞好实训。分配任务时，应使每项工作都由组员轮流担任，不要单纯追求进度。

四、实训内容

(一)图根控制测量

图根点是测图的依据，它为数字化测图提供平面和高程基准，应该在各级国家等级控制点、城市等级控制点、控制点下加密。图根控制测量方法主要以全站仪导线测量为主，也可以采用“一步测量法”和“辐射点法”。导线可布设成单一附合导线、单一闭合导线，因地形限制图根导线无法附合时，可布设成支导线。下面以全站仪导线测量为例说明图根控制测量方法。

1. 选点

图根点密度应根据测图比例尺和地形条件而定，数字化测图图根点密度不宜小于表3.2.1之规定。地形复杂、隐蔽以及城市建筑区，应以满足测图需要并结合具体情况加大密度。

表3.2.1 **数字化测图图根点密度**

测图比例尺	1∶500	1∶1000	1∶2000
图根控制点的密度(点数/km^2)	64	16	4

图根控制点应选在土质坚实、便于长期保存、便于仪器安置、通视良好、视野开阔、便于测角和测距、便于施测碎部点的地方。要避免将图根点选在道路中间。若导线点为临时点，则只需在点位打一个木桩，桩顶面钉一个小钉，其小钉几何中心即为点位；若点位在水泥路面，则在点位上钉一个水泥钉即可，或用油漆在地面上画“⊕”作为临时标志；需长期保存的点，应埋设混凝土标石，标石中心钢筋顶面应有十字线，十字交点即点位。埋石点应选在第一次附合的图根点上，并应做到至少能与另一个埋石点互相通视。

图根控制点相对于起算点的点位中误差按测图比例尺：1∶500不应大于5cm；1∶1000不应大于10cm；高程中误差不得大于测图基本等高距的1/10。

2. 全站仪导线测量

全站仪导线测量可以直接测算出图根点的三维坐标。

1)边长测量

导线的边长采用全站仪双向施测，每个单向施测一测回，即盘左盘右分别进行观测，读数较差和往返测较差均不宜超过20mm。测边应进行气象改正。

2)水平角测量

水平角施测一测回，测角中误差不宜超过20″。

3)高程测量

每边的高差采用全站仪往返观测，每个单向施测一测回，即盘左盘右分别进行观测，盘左盘右和往返测高差较差均不宜超过0.02Dm。D为边长，单位为km，300m以内按300m计算。

4)精度要求

全站仪导线测量角度闭合差不大于$\pm 60'' \sqrt{n}$（n为测站数），导线相对闭合差不大于1/2500，高差闭合差不大于$\pm 40\sqrt{D}$ mm(D为边长，单位为km)。

因地形限制图根导线无法附合时，可布设支导线。支导线不多于3条边，长度不超过450m，最大边长不超过160m。边长可单向观测一测回。

3. 测站点加密

当局部地区图根点密度不足时，可在等级控制点或一次附合图根点上，采用全站仪辐射点法加密。

辐射点法就是在某一通视良好的等级控制点上安置全站仪，用极坐标测量方法，按全圆方向观测方式直接测定周围选定的图根点坐标，测站点相对于邻近图根点，点位的中误差不应大于$0.1 \times M \times 10^{-3}$m，高程中误差不应大于测图基本等高距的1/6。

4. 内业计算

采用南方平差易进行计算，也可采用手算的方法进行。起算数据由指导教师给定。

(二)碎部点数据采集

1. 碎部点数据采集的准备工作

数字测图开始前，应做好下列准备工作：

1)已知控制点的录入

全站仪在测图前最好在室内就将控制点成果录入全站仪内存中，从而提高工作效率。

2)仪器参数设置及内存文件整理

仪器在使用前要对仪器中影响测量成果的内部参数进行检查、设置，包括温度、气压、棱镜常数、测距模式等；检查仪器内存中的文件，如果内存不足可删掉已传输完毕的无用的文件。

2. 碎部点数据采集工作步骤

1)安置仪器

在测站上进行对中、整平后，量取仪器高，仪器高量至毫米。打开电源开关POWER键，转动望远镜，使全站仪进入观测状态，再按MENU菜单键，进入主菜单。

2)输入数据采集文件名

在数据采集菜单，输入数据采集文件名。文件名可直接输入，比如以工程名称命名或以日期命名等；也可以从全站仪内存中调用。若需调用坐标数据文件中的坐标作为测站点或后视点用，则预先应由数据采集菜单选择一个坐标数据文件。

3)输入测站数据

测站数据的设定有两种方法：一是调用内存中的坐标数据(作业前输入或调用测量数据)；二是直接由键盘输入坐标数据。

4)输入后视点数据

后视定向数据一般有三种方法：一是调用内存中的坐标数据；二是直接输入控制点坐标；三是直接键入定向边的方位角。

5)定向

当测站点和后视点设置完后按测量键，选择一种测量方式，如坐标，这时定向方位角设置完毕。

6)碎部点测量

在数据采集菜单下，开始碎部点采集。输入点号后，再输入编码和棱镜高(棱镜高量至毫米)。按测量键，照准目标，再按坐标键，开始测量，数据被存储。进入下一点，点号自动增加，如果不输入编码采用无码作业或镜高不变，可选同前键。

3. 仪器设置及定向检查

(1)仪器对中误差不大于5mm。

(2)以较远一测站点(或其他控制点)标定方向(起始方向)，另一测站点(或其他控制点)作为检核，算得检核点平面位置误差不大于$0.2\times M\times10^{-3}$(m)，M为比例尺分母。

(3)检查另一测站点(或其他控制点)的高程，其较差不应大于1/6等高距。

(4)每站数据采集结束时应重新检测标定方向，检测结果如超出(2)、(3)两项所规定的限差，其检测前所测的碎部点成果须重新计算，并应检测不少于两个碎部点。

4. 地形测绘基本要求

1)地形点密度

地形点间距应按表 3.2.2 的规定执行。地形线和断裂线应按其地形变化增大采点密度。

高程注记点分布应符合下列规定：

(1)地形图上高程注记点应分布均匀。

(2)山顶、鞍部、山脊、山脚、谷底、谷口、沟底、沟口、凹地、台地、河川湖池岸旁、水涯线上以及其他地面倾斜变换处，均应测高程注记点。

(3)城市建筑区高程注记点应测设在街道中心线、街道交叉中心、建筑屋墙基脚和相应的地面、管道检查井井口、桥面、广场、较大的庭院内或空地上以及地面倾斜变换处。

(4)基本等高距为 0.5m 时，高程点应注至厘米；基本等高距大于 0.5m 时可注至分米。

表 3.2.2 **地形点间距** 单位：m

比例尺	1∶500	1∶1000	1∶2000
地形点平均间距	25	50	100

2)碎部点测距长度

碎部点测距最大长度一般应按表 3.2.3 的规定执行。如遇特殊情况，在保证碎部点精度的前提下，碎部点测距长度可适当加长。

表 3.2.3 **碎部点测距长度** 单位：m

比例尺	1∶500	1∶1000	1∶2000
最大测距长度	200	350	500

5. 地形图测绘内容及取舍

地形图应表示测量控制点、居民地和垣栅、工矿建(构)筑物及其他设施、交通及附属设施、管线及附属设施、水系及附属设施、境界、地貌和土质、植被等各项地物地貌要素，以及地理名称注记等。

地物、地貌各要素的表示方法和取舍原则，除应按现行国家标准《1∶500 1∶1000 1∶2000地形图图式》(GB/T 20257.1—2017)执行外，还应符合下列规定：

1)控制点的测绘

各级测量控制点是测绘地形图的主要依据，在图上按图示规定符号精确表示。

2)居民地和垣栅的测绘

居民地的各类建筑物、构筑物及主要附属设施应准确测绘实地外围轮廓和如实反映建筑结构特征。房屋以墙基外角为准正确测绘出轮廓线，并注记建筑材料和性质分类，注记楼房层数。1∶500、1∶1000 测图房屋应逐个表示，临时性建筑物可舍去。建筑物、构筑物轮廓凸凹在图上小于 0.4mm 时可用直线连接。

依比例尺表示垣栅，准确测出基部轮廓并配置相应的符号，围墙、栏杆、栅栏等可根据其永久性、规整性、重要性等综合考虑取舍。不依比例尺表示的垣栅测绘出定位点、线并配置相应的符号。

3)工矿建(构)筑物及其他设施的测绘

工矿建(构)筑物及其他设施包括矿山工业、农业、文教、卫生、体育设施和公共设施等，地形图上应正确表示其位置、形状和性质特征。依比例尺表示的设施应准确测出轮廓，配置相应的符号并加注文字说明；不依比例尺表示的设施应准确测定定位点、定位线的位置，用不依比例符号表示，并加注文字说明。

凡具有判定方位、确定位置、指示目标的设施应测注高程点，比如烟囱、打谷场、水文站、岗亭、纪念碑、钟楼、寺庙、地下建筑物的出入口等。

4)交通及附属设施的测绘

图上应准确反映陆地道路的类别和等级，附属设施的结构和关系；正确处理道路的相关关系及与其他要素的关系。

公路与其他双线道路在图上均应按实宽依比例尺表示，公路应在图上每隔15~20cm注出公路等级代码。车站及附属建筑物、隧道、桥涵、路堑、路堤、里程碑等均须表示。在道路稠密地区，次要的人行道可适当取舍。铁路轨顶(曲线要取内轨顶)、公路中心及交叉处、桥面等应测取高程注记点，隧道、涵洞应测注底面高程。

公路、街道按其铺面材料分为水泥、沥青、砾石、碎石和土路等，应分别以砼、沥、砾、碴、土等注记于图中路面上。

路堤、路堑应按实地宽度绘出边界，并应在其坡顶、坡脚适当测记高程。

道路通过居民地不宜中断，应按真实位置绘出。

城区道路以路沿线测出街道边沿线，无路沿线的按自然形成的边线表示。街道中的安全岛、绿化带及街心花园应绘出。

道路、街道的中心处、交叉处、转折处图上每隔10~15cm及路面坡度变化处应测注高程点。

5)管线及附属设施的测绘

正确测绘管线的实地定位点和走向特征，正确表示管线类别。

永久性电力线、通信线均应准确表示，电杆、电线架、铁塔位置均应实测。多种线路在同一杆线上，只表示主要的。电力线应区分高压线(输电线)和低压线(配电线)。城市建筑区内电力线、通信线可不连线，但应在杆架处绘出连线方向。

地面和架空的管线均应表示，分别用相应符号表示，并注记其类别。地下管线根据用途需要决定表示与否，检修井宜测绘表示。管道附属设施均应实测位置。

6)水系及附属设施的测绘

江、河、湖、海、水库、运河、池塘、沟渠、泉、井及附属设施等均应测绘，有名称的加注名称。海岸线以平均大潮高潮所形成的实际痕迹线为准，河流、湖泊、池塘、水库、塘等水涯线一般按测图时的水位为准，当水涯线在图上投影距离小于1mm时以陡崖线符号表示。河流在图上宽度小于0.5mm的、沟渠宽度小于1mm的用单线表示。表示固定水流方向及潮流向。水深和等深线按用图需要表示。水渠应测注渠顶边和渠底高程；池塘应测注塘顶边及塘底高程；时令河应测注河床高程；堤、坝应测注顶部及坡脚高程。河流交叉处、泉、井等要测注高程，瀑布、跌水测注比高。

7)境界的测绘

正确表示境界的类别、等级、准确位置以及与其他要素的关系。县级以上行政区划界应表示，乡、镇和乡级以上国营农林牧场以及自然保护区界线按用图需要表示。两级以上境界重合时，只绘高级境界符号，但需同时注出各级名称。

8)地貌和土质的测绘

自然形态的地貌宜用等高线表示，崩塌残蚀地貌、坡、坎和其他特殊地貌应用相应符号或用等高线配合符号表示。各种天然形成的和人工修筑的坡、坎，其坡度在70°以上时表示为陡坎，在70°以下时表示为斜坡。斜坡在图上投影宽度小于2mm时宜表示为陡坎并测注比高，当比高小于1/2等高距时，可不表示。梯田坎坡顶及坡脚在图上投影大于2mm以上时实测坡脚，小于2mm时，测注比高，当比高小于1/2等高距时，可不表示。梯田坎较密，若两坎间距在图上小于10mm时可适当取舍。断崖应沿其边沿以相应的符号测绘于图上。冲沟和雨裂视其宽度按图式在图上分别以单线、双线或陡壁冲沟符号绘出。居民地可不绘等高线，但高程注记点应能显示坡度变化特征。

各种土质按图式规定的相应符号表示。应注意区分沼泽地、沙地、岩石地、露岩地、龟裂地、盐碱地。

9)植被的测绘

地形图上应正确反映出植被的类别特征和分布范围。对耕地、园地应实测范围，配置相应的符号。在同一地段内生长多种植物时，图上配置符号(包括土质)不超过三种。耕地须区分稻田、旱地、菜地及水生经济作物地。以树种和作物名称区分园地类别并配置相应的符号，有方位和纪念意义的独立树要表示。田埂宽度在图上大于1mm以上用双线表示，小于1mm用单线表示。田角、田埂、耕地、园地、林地、草地均须测注高程。

10)独立地物

独立地物是判定方位、指示目标、确定位置的重要依据，必须准确测定位置。凡地物轮廓图上大于符号尺寸的，均以比例符号表示，加绘符号；小于符号尺寸的用非比例符号表示，并测注高程，有的独立地物应加注其性质。

11)注记

地形图上对各种名称、说明注记和数字注记准确注出。图上所有居民地、道路、城市、工矿企业、山岭、河流、湖泊、交通等地理名称均应进行调查核实，正确注记。注记使用的字体、字级、字向、字序形式按《1：500 1：1000 1：2000地形图图式》(GB/T 20257.1—2017)执行。

(三)数据传输

首先在全站仪上进行数据通信的操作，通过传输线缆连接计算机，然后通过执行南方CASS绘图软件的数据处理菜单下“读入全站仪数据”命令，按照软件的提示完成。

(四)地形图绘制

外业采用草图法作业，绘图采用测点点号定位成图法。无条件的院校，可采用手工方法绘图。

1. 测点点号定位成图法的作业步骤

(1)定显示区；

(2)展测点点号与高程点；

(3)选择测点点号定位成图法；

(4)绘制平面图；

(5)地形图的注记与编辑；

(6)绘制等高线；

(7)地形图的分幅与整饰。

2. 数字地形图的编辑原则

(1)居民地。街区与道路的衔接处应留 0.2mm 间隔；在陡坎和斜坡上的建筑物，按实际位置绘出，陡坎无法准确绘出时，可移位表示，并留 0.2mm 间隔。

(2)点状地物。两个点状地物相距很近，同时绘出有困难时，可将高大突出的准确表示，另一个移位表示，但应保持相互的位置关系；点状地物与房屋、道路、水系等其他地物重合时，可中断其他地物符号，间隔 0.2mm，以保持独立符号的完整性。

(3)交通。双线道路与房屋、围墙等高出地面的建筑物边线重合时，可用建筑物边线代替道路边线。道路边线与建筑物的接头处应间隔 0.2mm；公路路堤(路堑)应分别绘出路边线与堤(堑)线，两者重合时，可将其中之一移动 0.2mm 绘出。

(4)管线。城市建筑区内电力线、通信线可不连线，但应绘出连线方向；同一杆架上架有多种线路时，表示其中主要的线路，但各种线路走向应连贯，线类应分明。

(5)水系。河流遇桥梁、水坝、水闸等时应断开；水涯线与陡坎重合时，可用陡坎边线代替水涯线；水涯线与斜坡脚重合时，仍应在坡脚将水涯线绘出。

(6)境界。境界以线状地物为界时，应离线状地物 0.2mm 按图示绘出；如以线状地物中心为界，不能在线状地物符号中心绘出时，可沿两侧每隔 3~5cm 交错绘出 3~4 节符号。但在境界相交或明显拐弯及图廓处，境界符号不应省略，以明确走向和位置。

(7)等高线。等高线遇到房屋及其他建筑物、双线道路、路堤、路堑、坑穴、陡坎、斜坡、湖泊、双线河、双线渠以及注记等均应断开；等高线的坡向不能判别时，应加绘示坡线。

(8)植被。同一地类范围内的植被，其符号可均匀配置；大面积分布的植被在能表达清楚的情况下，可采用注记说明；地类界与地面上有实物的线状符号重合时，可省略不绘；与地面上无实物的线状符号重合时，地类界移位 0.2mm 绘出。

(9)注记。文字注记要使所表达的地物能明确判读，字头朝北，道路河流名称，可随线状弯曲的方向排列，名字底边平行于南、北图廓线；注记文字之间最小间距为 0.5mm，最大间距不宜超过字大的 8 倍，注记时应避免遮盖主要地物和地形特征部分；高程注记一般注于点的右方，离点间隔 0.5mm；等高线注记字头应指向山顶或高地，但字头不宜指向图纸的下方，地貌复杂的地方，应注意合理配置，以保持地貌的完整；图廓整饰注记按《1：500 1：1000 1：2000 地形图图式》(GB/T 20257.1—2017)执行。

(五)地形图的检查与验收

地形图的检查包括自检、互检和专人检查。在全面检查认为符合要求之后，即可予以验收，并按质量评定等级。数字地形图检查内容包括：数学基础检查、平面和高程精度的检查、接边精度的检查、属性精度的检查、逻辑一致性检查、整饰质量检查、附件质量检查等。

(六)地形图的输出

地形图可以输出在电脑屏幕上，供指导教师检查；也可以通过绘图仪打印输出，作为上交成果之一。

五、实训技术要求

实训技术要求按《城市测量规范》(CJJ/T 8—2011)、《1∶500 1∶1000 1∶2000地形图图式》(GB/T 20257.1—2017)、《1∶500 1∶1000 1∶2000 外业数字测图技术规程》(GB/T 14912—2005)、《测绘技术总结编写规定》(CH/T 1001—2005)、《测绘技术设计规定》(CH/T 1004—2005)等规定执行。一般规定如下：

(1)数字化测图实训采用数字测记模式的草图法，利用全站仪采集数据。

(2)实训指导教师统一选定坐标系统和高程系统。坐标系统和高程系统尽量采用国家坐标系统和国家高程系统，也可以采用假定坐标系统和假定高程系统。

(3)地形图图幅应按正方形分幅，规格为50cm×50cm；图号编号按图廓西南角坐标公里数编号，X坐标在前，Y坐标在后，中间用短线连接。

(4)地形类别按以下情况划分：

平地：绝大部分地面坡度在2°以下；

丘陵地：绝大部分地面坡度在2°~6°(不含6°)；

山地：绝大部分地面坡度在6°~25°；

高山地：绝大部分地面坡度在25°以上。

(5)实训指导教师根据任务和地形情况统一确定测图比例尺和地形图基本等高距，比例尺可选为1∶500或1∶1000，基本等高距根据地形类别和用途的需要，按表3.2.4之规定确定。

(6)高程注记点的密度为100cm²内5~20个，一般选择明显地物点或地形特征点。

表3.2.4　　**基本等高距**　　单位：m

基本等高距	平　地	丘　陵	山　地	高山地
1∶500	0.5	1.0(0.5)	1.0	1.0
1∶1000	0.5(1.0)	1.0	1.0	2.0

注：括号内的等高距依用图需要选用。

(7)地形图图上地物点相对于邻近图根点的位置中误差以及邻近地物点间的距离中误差不大于表3.2.5的规定。高程注记点相对于邻近图根点的高程中误差不应大于相应比例尺地形图基本等高距的1/3。困难地区放宽0.5倍。等高线插求点相对于邻近图根点的高程中误差，平地不应大于基本等高距的1/3，丘陵地不应大于基本等高距的1/2，山地不应大于基本等高距的2/3，高山地不应大于基本等高距。

表3.2.5　　**地物点平面位置精度**　　单位：m

地区分类	比例尺	点位中误差	邻近地物点间距中误差
城镇、工业建筑区、平地、丘陵地	1∶500	±0.15	±0.12
	1∶1000	±0.30	±0.24
困难地区、隐蔽地区	1∶500	±0.23	±0.18
	1∶1000	±0.45	±0.36

(8)地形图符号及注记按《1∶500 1∶1000 1∶2000 地形图图式》(GB/T 20257.1—2017)的规定执行。

六、成绩评定

实训成绩分为综合小组成绩和个人成绩，按优、良、中、及格、不及格五个等级评定，具体标准参照“综合实训项目一”。

七、实训成果

1. 每个实训小组应提交下列成果

(1)经过严格检查的各种观测手簿；

(2)整饰合格的数字地形图。

2. 每人应提交下列成果

(1)控制网的选点草图；

(2)导线计算成果；

(3)控制点成果表；

(4)实训报告(技术总结、个人总结)。

八、数字化测图技术总结案例

××市1∶500数字化测图技术总结

1. 任务概况

受××市城市规划局委托，我院承担××市A镇至B镇1∶500数字化测图任务，测区呈带状分布，测区全长约46千米，测图图幅为342幅标准图幅。

2. 作业依据

(1)《全球定位系统(GPS)测量规范》(GB/T 18314—2009)；

(2)《1∶500　1∶1000　1∶2000 地形图图式》(GB/T 20257.1—2017)；

(3)《城市测量规范》(CJJ/T 8—2011)。

3. 现有资料情况

(1)测区部分地区 1∶2000 地形图;

(2)测区 1∶10000 地形图;

(3)少量的一级导线控制点，但破坏严重。

4. 工作情况概述

1)人员组成

本项目共投入作业人员 17 人，其中工程师 4 人、助理工程师 4 人、技术员 7 人、测工 2 人，于××××年 10 月 28 日进驻测区，于××××年 12 月 24 日完成工作，历时 1 个月 27 天。

2)设备投入

本测区投入拓普康 TKS-202 全站仪 2 台，南方 NTS-350 全站仪 2 台，拓普康 225 型全站仪 1 台，徕卡全站仪 1 台，索佳全站仪 1 台，便携式电脑 7 台，打印机 1 台以及其他设备。

5. 技术设计

1)坐标系统

本测区采用 1954 北京坐标系，高程采用 1985 国家高程基准。

2)图幅分幅

地形图分幅采用规格 50cm×50cm 划分；基本等高距为 0.5m。

3)控制测量部分

首级控制网由××市勘察测绘研究院二分院 GPS 队承担，使用天宝 5800GPS 接收机，共施测 D 级点 13 点，点位基本沿××公路每 4 千米布设一对，满足一级导线的发展。

我院在测区一共布设一级导线 11 条，一级导线点 110 个，一级导线总长 29.7 千米，各项精度指标均满足规范要求。

外业施测使用拓普康 TKS-202 全站仪，水平角 1 测回；高程根据测区情况使用三角高程代替水准高程，天顶距观测 3 测回，距离观测 2 测回 4 次读数，均采用对向观测。每测站均测定气象数据，进行气象改正。埋石原则上按 300m 布设，线路所有一级导线点均为四等高程。

记录采用 PC-E500 记录器；内业计算采用清华三维平差软件。

二级导线 10 条，二级导线点 74 个，二级导线总长 16.97 千米，各项精度指标均满足规范要求。

外业施测使用南方 NTS-350 全站仪，水平角 1 测回，高程使用三角高程代替水准高程，天顶距观测 3 测回，距离观测 2 测回 4 次读数，均为对向观测。每测站均测定气象数据，进行气象改正。埋石原则上按 200m 布设，线路所有二级导线点均为四等高程。

内业计算采用清华三维平差软件。

图根控制点均与一二级导线点联测，使用拓普康 TKS-202 全站仪，采用极坐标法直接测定图根点的坐标高程，传输至微机进行成果打印。

图根控制点平均每幅图 4 个，共施测约 600 个。

4)测图部分

外业采用全站仪利用极坐标的方法直接采集地物要素点的三维坐标，所采集的点位坐标储存在全站仪的内存中，内业数据输出到南方 CASS7.0 软件里，工作人员根据地物点的相互关系以及草图或代码交互编辑。

外业共投入7个组，7台全站仪，仪器均按规定进行检定。

5)工作量统计

(1)测绘1∶500数字化地形图342幅，合计11.4672平方千米；

(2)巡视1∶500地形图96幅；

(3)一级导线点123个；

(4)二级导线点86个。

6. 生产过程遇到的情况及计划情况

我院按生产计划要求，按时进入测区，前期工作较顺利(首级控制及埋石按原定计划完成)；中后期工作受天气影响较大，主要存在雨雪以及××地区公路施工对测量工作的影响，使工作进展缓慢延误工期，比原计划推后了12天。

7. 说明

(1)由于测区某段公路施工，对导线点破坏严重。

(2)由于测区内基础建设工程较多，对全野外数字化地形图现势性影响较大。

8. 检查情况

过程检查中发现的所有问题，均已责成作业员进行了全面修改，全部控制点、测图测绘产品经修改后符合规范、设计书要求。质量总评为合格产品。

全野外数字化地形图经野外检测，平面中误差3.22cm，允许中误差25cm；高程中误差2.56cm，允许高程中误差25cm。

××省测绘院

××××年×月×日

项目 4　专业技能实训

项目描述

理论教学、单项实训、技能训练、综合实训和专业技能实训是“工程测量技术”课程 5 个重要的教学环节。通过选取典型的工程测量项目，并在仿真的实训环境下进行专业技能实训，让学生感受真实的职业环境，培养学生运用基础理论、基本操作技能解决具体工程测量项目的综合能力，培养学生的职业能力、专业素质、从业综合素养，为其从事工程测量工作奠定基础。

任务 4.1　圆曲线测设

一、实训目的

在各类线路工程施工中，经常涉及圆曲线的测设工作，圆曲线测设的方法有偏角法、切线支距法、弦线支距法、全站仪坐标测设等多种方法。实际工作中测设方法的选用要视现场条件、测设数据计算的繁简、测设工作量的大小以及测设时所使用的仪器和工具情况等因素确定。本实训选用全站仪坐标测设。通过实训使学生掌握圆曲线从设计到主点测设，直至细部测设的全过程。

二、实训要求

(1)熟练掌握全站仪的使用。

(2)了解圆曲线的设计方法与过程。

(3)掌握圆曲线转角的测量方法。

(4)掌握圆曲线主点要素、主点里程桩号的计算方法。

(5)掌握圆曲线主点坐标、细部点坐标的计算方法。

(6)掌握圆曲线主点以及细部点的全站仪测设方法。

三、实训组织方式

实训按小组进行，每组 5~6 人，选组长 1 人，负责组内实训分工和仪器管理。组员在组长的统一安排下，分工协作，搞好实训。分配任务时，应使每项工作均由组员轮流担任，不要单纯追求进度。

四、实训内容

1. 选点、标定

(1)实训指导教师带领学生在开阔的实训场地上，选择两个距离相近、分布合理的已知导线点 A 点和 C 点，分别作为两条相交直线的端点；如果两个点不是已知的导线点，可以与已知控制点组成闭合、附合或支导线，采用导线测量的方法，计算出两个点的坐标。

(2)根据两个已知点的分布情况，确定圆曲线的交点 JD，打上木桩进行标定(线路长 200~300m)；根据 A、C 两点坐标，采用支导线的方法测算 B 点坐标；根据现场情况假定交点里程桩号。

2. 测量圆曲线转角

用全站仪测量圆曲线转角 α，采用测回法，观测一个测回，完成表 4.1.1。

表 4.1.1　　水平角观测手簿

测站(测回)	目标	竖盘位置	水平度盘读数(° ′ ″)	半测回角值(° ′ ″)	一测回角值(° ′ ″)	备注
		左				
		右				
		左				
		右				

3. 圆曲线主点要素计算

根据设计的圆曲线半径 R 和实测的转角 α，计算圆曲线主点要素。

$$切线长\ T = R \cdot \tan\frac{\alpha}{2}$$

$$曲线长\ L = \frac{\pi}{180^\circ}R\alpha$$

$$外矢距\ E = R\left(1\Big/\cos\frac{\alpha}{2} - 1\right)$$

$$切曲差 D = 2T - L$$

根据交点JD里程，计算主点里程桩号：

$$ZY = JD - T$$

$$QZ = ZY + \frac{L}{2}$$

$$YZ = QZ + \frac{L}{2}$$

为了避免计算中的错误，可用下式进行计算检核：

$$JD = YZ - T + D$$

4. 圆曲线主点坐标计算

根据A点和B点坐标$(x_A,\ y_A)$、$(x_B,\ y_B)$，如图4.1.1所示，用坐标反算公式计算直线BA的方位角：$\alpha_{BA} = \arctan\dfrac{y_A - y_B}{x_A - x_B}$。

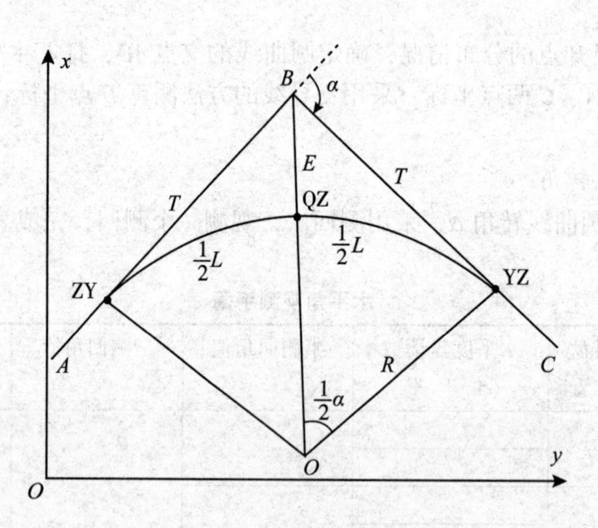

图4.1.1　圆曲线主点坐标计算

直线BC的方位角α_{BC}可由B点、C点的坐标反算确定，也可由直线AB的方位角和路线转折角推算得到，如图4.1.1所示，$\alpha_{BC} = \alpha_{BA} - (180° - \alpha)$。

根据方位角α_{BA}、α_{BC}和切线长度T，用坐标正算公式计算曲线起点坐标$(x_{ZY},\ y_{ZY})$和终点坐标$(x_{YZ},\ y_{YZ})$，如图4.1.1所示，起点坐标为：

$$x_{ZY} = x_B + T\cos\alpha_{BA}$$

$$y_{ZY} = y_B + T\sin\alpha_{BA}$$

终点坐标为：

$$x_{YZ} = x_B + T\cos\alpha_{BC}$$

$$y_{YZ} = y_B + T\sin\alpha_{BC}$$

曲线中点坐标为$(x_{QZ},\ y_{QZ})$，则由B点坐标和分角线方位角$\alpha_{B\text{-}QZ} = \alpha_{BA} - \dfrac{180° - \alpha}{2}$

计算。

$$x_{B\text{-}QZ}=x_B+E\cos\alpha_{B\text{-}QZ}$$
$$y_{B\text{-}QZ}=y_B+E\sin\alpha_{B\text{-}QZ}$$

计算结果记入表4.1.2中。

表4.1.2　**圆曲线主点坐标计算表**

主点	交点至各主点的方位角	交点至各主点的距离(m)	坐标	
			x(m)	y(m)
ZY		T=		
QZ		E=		
YZ		T=		

5. 圆曲线细部点坐标计算

(1)计算圆心坐标。如图4.1.2所示，圆曲线半径为R，用直线BA的方位角α_{BA}计算ZY点至圆心方向的方位角，由于ZY点至圆心方向与切线方向垂直，其方位角为：$\alpha_{ZY\text{-}0}=\alpha_{BA}-90°$，则圆心坐标($x_0$，$y_0$)为：

$$x_0=x_{ZY}+R\cos\alpha_{ZY\text{-}0}$$
$$y_0=y_{ZY}+R\sin\alpha_{ZY\text{-}0}$$

(2)设桩距为20m，确定圆曲线上里程为桩距整倍数的细部点里程桩号。

(3)计算圆心至各细部点的方位角。

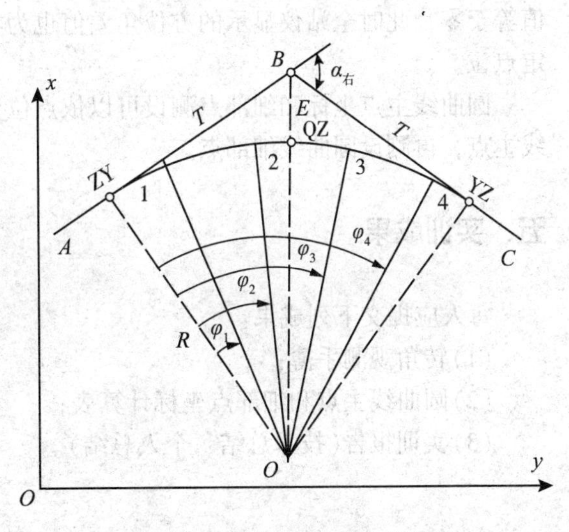

图4.1.2　圆曲线细部点坐标计算

设ZY点至曲线上某细部里程桩点的弧长为l_i，其所对应的圆心角φ_i按公式$\varphi_i=\dfrac{180°}{\pi R}l_i$计算得到，则圆心至各细部点的方位角$\alpha_i$为：

$$\alpha_i = (\alpha_{ZY\text{-}0} + 180°) + \varphi$$

(4)计算各细部点的坐标。根据圆心至细部点的方位角和半径，可计算细部点坐标

$$x_i = x_0 + R\cos\alpha_i$$

$$y_i = y_0 + R\sin\alpha_i$$

计算结果记入表4.1.3。

表4.1.3 **圆曲线细部桩点坐标表**

桩号	圆心与各细部点的方位角	坐标	
		x(m)	y(m)

6. 全站仪坐标测设

测设时，仪器安置在平面控制点或路线转点上，进入放样测量菜单，进行后视定向，包括输入测站点坐标以及后视方位角或后视点坐标；输入放样点坐标，全站仪显示照准方向与测设方向的方位角差值；旋转照准部，使方位角差值为零；在望远镜照准方向上竖立棱镜，进行距离测量，全站仪显示实测距离与测设距离的差值；前后移动棱镜，使距离差值等于零，此时全站仪显示的方位角差值也为零；在测设出的点位上打大木桩并钉小钉确定点位。

圆曲线主点坐标和细部点测设可以依点位分布情况，按顺序测设；也可以先测设圆曲线主点，再测设圆曲线细部点。

五、实训成果

每人应提交下列成果：

(1)转角观测手簿；

(2)圆曲线主点和细部点坐标计算表；

(3)实训报告(技术总结、个人总结)。

任务 4.2　纵横断面图测绘

一、实训目的

纵横断面图测绘是线路工程测量中非常重要的工作之一，通过绘制断面图，可以了解线路工程沿线一定宽度范围内的地面起伏情况，为线路工程的坡度设计、施工以及计算土方量提供依据。纵横断面图测绘的方法很多，本项目选取水准仪间视法测量，手工方法绘制断面图。通过实训使学生掌握纵横断面图的测量方法、掌握纵横断面图的绘制方法。

二、实训要求

(1)了解纵断面线的选取方法。
(2)掌握横断面线的选取方法。
(3)掌握纵横断面图的测量方法。
(4)掌握纵横断面图的绘制方法。

三、实训组织方式

实训按小组进行，每组 5~6 人，选组长 1 人，负责组内实训分工和仪器管理。组员在组长的统一安排下，分工协作，搞好实训。分配任务时，应使每项工作均由组员轮流担任，不要单纯追求进度。

四、实训内容

(一)选点、标定

实训指导教师带领学生在有一定起伏的实训场地上(最好是河道或渠道)，选择起点(桩号为 0+000)、转点、终点三个点组成线路中线，线路长 400~500m，线路纵横断面方向上都应有一定的高程变化。在三个点位上打上木桩标定位置，插上测旗或花杆标定方向。

(二)纵断面测量

纵断面测量采用水准仪间视法进行，如图 4.2.1 所示，具体方法如下：

(1)从已知水准点开始，按普通水准测量方法测量出起点高程，起点里程桩号为 0+000。

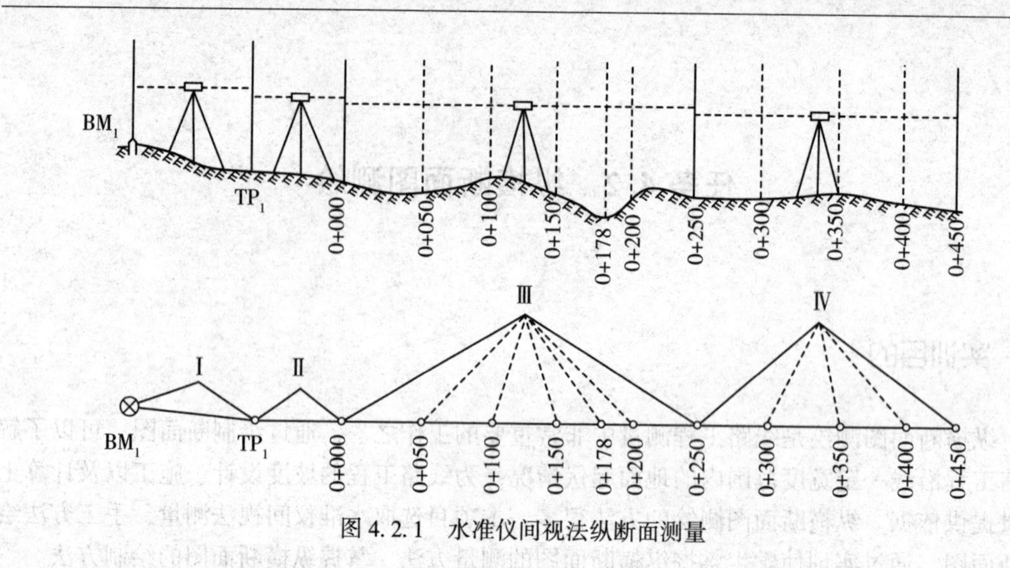

图 4.2.1　水准仪间视法纵断面测量

(2)从起点开始，根据实训场地地面起伏情况、线路长度情况以及通视情况等确定水准仪测站点位置并安置仪器，保证一个测站上能够测量足够数量的纵断面线上的地形变化点。

(3)线路起点上竖立水准尺，作为后视尺，照准并读取后视读数，计算视线高程：

视线高程=后视点高程+后视读数

(4)按测旗或花杆所指示的方向，在纵断面向上地形变化处竖立水准尺，作为间视点，照准并读取间视读数(读至 cm)，计算间视点高程：间视点高程=视线高程-间视读数；并用钢尺、皮尺或测绳，测量出两相邻点之间的距离，计算出里程桩号。记入表 4.2.1。

(5)测量至前视转点，照准并读取前视读数(读至 mm)，计算出前视点高程，前视点高程=视线高程-前视读数。

(6)搬站后用同样方法观测，直至路线终点。观测过程中，当经过数站观测后，附合到另一个已知水准点，以检核纵断面测量成果是否符合精度要求。高程闭合差不大于$\pm 40\sqrt{L}$mm，闭合差不超限不用调整，超限必须返工。

表 4.2.1　　　　**水准仪间视法纵断面测量记录手簿**

里程桩号	后视读数(m)	视线高(m)	前视读数(m)		高程(m)	备注
			间视点	前视点		
						已知

续表

里程桩号	后视读数(m)	视线高(m)	前视读数(m)		高程(m)	备注
			间视点	前视点		
检核						

(三)纵断面图绘制

纵断面图是以高程为纵坐标、里程(水平距离)为横坐标，根据纵断面线上的地形变化点的高程及相邻点间的水平距离关系，按一定比例尺绘制在方格纸上，并将相邻点以直线相连而成的图形，如图 4.2.2 所示。

常用的水平距离比例尺有 1∶500、1∶1000、1∶2000；高程比例尺为 1∶100，特殊情况也可采用 1∶50、1∶200 比例尺。

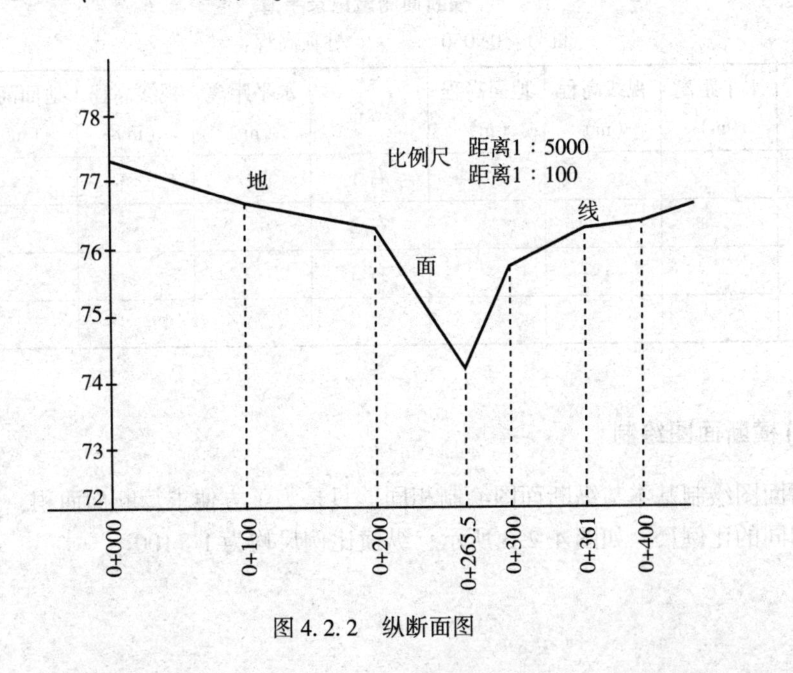

图 4.2.2　纵断面图

(四)横断面测量

(1)从起点开始，用钢尺、皮尺或测绳，沿线路前进方向测量出桩距为50m的中桩位置，打木桩标定点位，木桩测面标注桩号。

(2)用普通水准测量方法，测量出每个桩顶的高程。需要说明的是，此项工作可以在纵断面测量时与其同时完成。

(3)将水准仪安置在两个横断面中间，采用水准仪间视法，一站测量两个横断面。测量时，将其中一个中桩作为后视，读数后计算出视线高程；采用花杆或测旗标定横断面方向，在横断面方向上分别向左、向右逐点竖立水准尺，左右各测出50m，分别读取地面坡度变化点上水准尺的间视读数，计算地面高程；同时用钢尺、皮尺或测绳量取中桩至每个立尺点间的水平距离；将水平距离和记入表4.2.2和表4.2.3；绘制观测草图，区分中桩左右点。

表4.2.2 **横断面测量记录手簿**

桩号：0+000　　桩顶高程：

点名	水平距离（m）	视线高程（m）	地面高程（m）	点名	水平距离（m）	视线高程（m）	地面高程（m）	备注
左1				右1				
左2				右2				
左3				右3				

表4.2.3 **横断面测量记录手簿**

桩号：0+050　　桩顶高程：

点名	水平距离（m）	视线高程（m）	地面高程（m）	点名	水平距离（m）	视线高程（m）	地面高程（m）	备注
左1				右1				
左2				右2				
左3				右3				

(五)横断面图绘制

横断面图绘制基本与纵断面图绘制相同，只是为了方便求算断面面积，通常纵向、横向采用相同的比例尺，如图4.2.3所示，纵横比例尺均为1∶100。

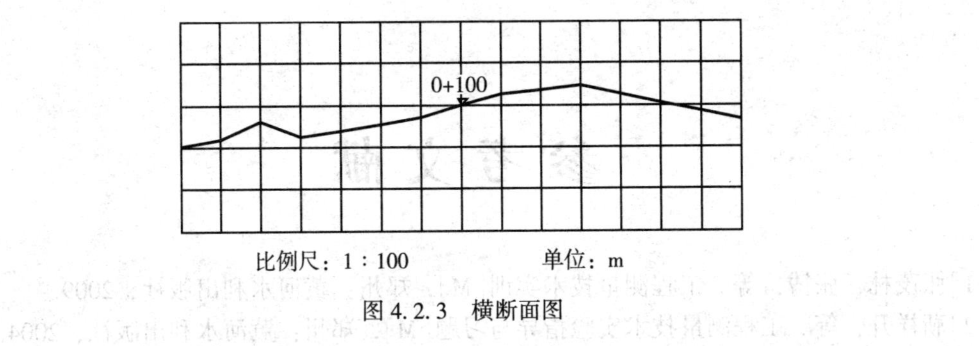

图 4.2.3　横断面图

五、实训成果

每人应提交下列成果：

(1)纵断面测量和横断面测量记录手簿；

(2)纵断面图和横断面图；

(3)实训报告(技术总结、个人总结)。

参 考 文 献

[1]张茂林，张博，等．工程测量技术实训[M]．郑州：黄河水利出版社，2009.
[2]靳祥升，等．工程测量技术实验指导与习题[M]．郑州：黄河水利出版社，2004.
[3]张博，等．数字化测图[M]．武汉：武汉大学出版社，2012.
[4]张博，等．工程测量技术与实训[M]．西安：西安交通大学出版社，2015.
[5]中华人民共和国建设部．城市测量规范[S]．北京：中国建筑工业出版社，2011.
[6]中国国家标准化管理委员会. 1：500　1：1000　1：2000 地形图图式(GB/T 20257.1—2017)[S]．北京：中国标准出版社，2017.